AF599474

CSIC

CATARATA

Geotermia

La energía renovable que nos proporciona el planeta Tierra

Cristina Santiago Buey

Catálogo de Publicaciones de la Administración General del Estado:
https://cpage.mpr.gob.es

MINISTERIO
DE CIENCIA, INNOVACIÓN
Y UNIVERSIDADES

http://editorial.csic.es

Zurbano, 76
28010 Madrid
Tel. 91 532 20 77
www.catarata.org

isbn (csic): 978-84-00-11576-0
isbn electrónico (csic): 978-84-00-11577-7
isbn (catarata): 978-84-1067-576-6
isbn electrónico (catarata): 978-84-1067-577-3
nipo: 155-26-033-6
nipo electrónico: 155-26-034-1
depósito legal: M-6.824-2026
thema: PDZ/THVG

Índice

"El ser humano se extinguirá cuando se acabe el equilibrio vital del planeta que lo soporta".

FÉLIX RODRÍGUEZ DE LA FUENTE

Prólogo

Hablar de energía suele remitirnos a conceptos lejanos, a infraestructuras complejas o a debates técnicos que parecen reservados a especialistas. Sin embargo, pocas fuentes de energía están tan próximas a nosotros —literalmente bajo nuestros pies— como la geotermia. La energía de la Tierra ha acompañado a la humanidad desde sus orígenes, calentando aguas, suelos y paisajes, aunque solo en las últimas décadas hemos empezado a comprender plenamente su enorme potencial como recurso energético sostenible y sus posibilidades en el contexto de la imprescindible transición energética.

España va con retraso en subirse al "tren de la geotermia" y una de las claves es el escaso conocimiento que existe a nivel general sobre estas tecnologías. Este libro nace precisamente con la vocación de acercar la geotermia a todos los públicos, sin renunciar al rigor científico pero con la claridad y el entusiasmo de quien conoce profundamente la materia y desea compartirla. Cristina de Santiago, investigadora y especialista en geotermia, logra en estas páginas algo poco frecuente: explicar una tecnología compleja de forma accesible, conectando el conocimiento científico con ejemplos cotidianos y aplicaciones reales.

A lo largo del texto, el lector descubrirá cómo el calor interno de la Tierra puede aprovecharse de múltiples maneras: desde la producción de electricidad en sistemas geotérmicos profundos hasta soluciones cercanas y eficientes como las bombas de calor geotérmicas para climatización, el uso en invernaderos o las redes de distrito alimentadas por el calor de la tierra en entornos urbanos y rurales. Todo ello se presenta con un enfoque divulgativo, pensado también para quienes se acercan por primera vez a esta fuente de energía.

No es casual que una obra como esta sea especialmente valiosa hoy. A pesar del creciente interés por las energías renovables, la geotermia sigue siendo una gran desconocida en la literatura no técnica en lengua española. Este libro contribuye a llenar ese vacío, ofreciendo una visión clara, honesta y bien fundamentada de una energía constante, local y renovable, llamada a desempeñar un papel relevante en un futuro energético más sostenible.

Este prólogo no pretende más que invitar al lector y lectora a sumergirse en estas páginas con curiosidad y mente abierta. La Tierra tiene mucho que contarnos; este libro es una excelente puerta de entrada para empezar a escucharla.

JAVIER F. URCHUEGUÍA SCHOLZEL
Catedrático UPV / Chairman del European Geothermal Panel (European Technology and Innovation Platform on Renewable Heating and Coolin - ETIP-RHC)

INTRODUCCIÓN

Un regalo del planeta Tierra

Estamos viviendo una crisis energética que nos obliga a replantearnos muchas cosas. Resolverla no será posible sin un cambio profundo: necesitamos alejarnos de los combustibles fósiles y apostar con decisión por fuentes limpias y renovables. Solo así podremos descarbonizar sectores clave como la producción de electricidad y la climatización, y reducir al mismo tiempo nuestra dependencia del exterior, lo que se conoce como incrementar la soberanía energética.

No seré yo quien demonice los combustibles fósiles. Durante más de dos siglos, el carbón, el petróleo y el gas natural han sido motores del progreso; han alimentado la industria, el transporte, la iluminación, la calefacción…; han hecho posible gran parte del bienestar que hoy disfrutamos. La humanidad no estaría donde está sin ellos. Por eso, lo primero que cabe es dedicarles un agradecimiento sincero.

Pero como toda tecnología que ha cumplido su ciclo, hoy los combustibles fósiles se enfrentan a sus propios límites. Toca decidir hacia dónde vamos. Porque ese desarrollo, con todos sus logros, ha tenido un precio elevado: su gran aportación a la aceleración del cambio climático, la contaminación del aire, la degradación ambiental, la dependencia de recursos finitos y los conflictos geopolíticos asociados a su control.

Y así nos encontramos en medio de una nueva crisis energética. No es la primera. Cada vez que un recurso escasea o se tambalea, el equilibrio internacional, el modelo vigente se resiente. Entonces, el mundo busca respuestas, y muchas veces, esas respuestas marcan el comienzo de una nueva era. Porque toda gran crisis de este tipo ha traído consigo una gran revolución.

Hoy, como ya ocurrió en otros momentos clave de la historia, estamos a las puertas de esa transformación. Pero esta vez el rumbo es claro: debemos avanzar hacia fuentes de energía más limpias, sostenibles y accesibles. Las energías renovables —solar, eólica, hidráulica, geotérmica— son la clave de este nuevo paradigma.

La sociedad necesita cubrir tres grandes funciones energéticas (figura 1): generar electricidad, proporcionar calor (para climatización o procesos industriales) y mover vehículos por tierra, mar o aire. Las energías renovables no son un bloque homogéneo, sino un abanico de soluciones para cubrir esas tres necesidades. Es clave entenderlo si queremos construir un sistema energético realmente sostenible.

Algunas de estas fuentes renovables —como la solar o la eólica— ya forman parte del paisaje y de los discursos políticos. Las vemos en el paisaje, las conocemos, se nombran. Pero hay otras que no hacen ruido, que no se ven, que no brillan ni giran en el horizonte. Energías que, por discretas, han pasado desapercibidas durante demasiado tiempo. La geotermia es una de ellas.

FIGURA 1
Las energías renovables cubren tres necesidades energéticas: electricidad, calor y combustibles en el sector del transporte.

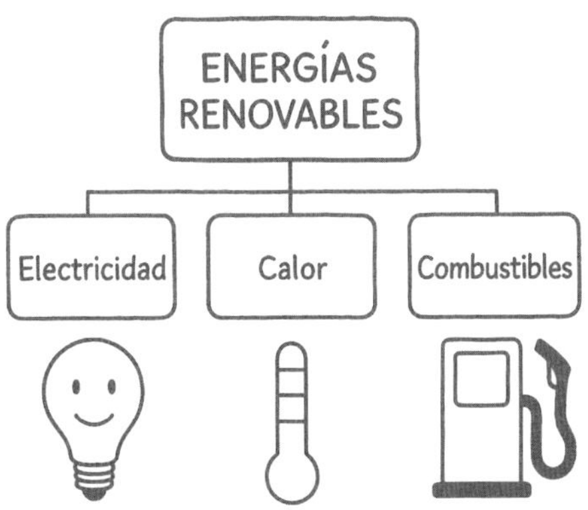

Como geóloga, siento una cierta debilidad por esta energía. He tenido la suerte de conocerla de cerca y, cuanto más la estudio, más me atrae. Me maravilla su sencillez, su constancia, su elegancia silenciosa. Y, sobre todo, me siento profundamente agradecida: el planeta Tierra nos regala calor desde siempre y solo tenemos que aprender a aprovecharlo. Está disponible todo el año, en cualquier lugar, sin depender del clima. No contamina, no altera el entorno, no exige protagonismo, y, aun así, sigue siendo una gran desconocida, incluso para quienes trabajan en el ámbito de la energía.

La geotermia sirve para hacer muchas cosas: calentar viviendas, climatizar invernaderos, secar productos agrícolas, alimentar redes urbanas o incluso generar electricidad. La tecnología ya existe, los recursos están ahí, ¿por qué, entonces, no la usamos más? Creo que, en gran parte, es porque no se habla de ella, y lo que no se nombra, no existe. Si no la enseñamos en las escuelas, si no aparece en los medios, si no se incluye en las políticas públicas, tampoco estará en nuestro imaginario colectivo. Por eso decidí escribir este libro: para compartir lo que he aprendido y contribuir a que más personas descubran esta energía eficaz y silenciosa.

Os invito a acompañarme en este recorrido. Veremos cómo se ha aprovechado el calor que nos regala nuestro planeta a lo largo de la historia y qué papel puede jugar hoy en nuestras ciudades, nuestros centros productivos industriales, agrícolas y ganaderos, nuestras casas y nuestro futuro.

CAPÍTULO 1

¡La bendita corteza terrestre!

La geotermia es el calor que se almacena bajo la superficie de la Tierra. La palabra viene del griego: *geo*, Tierra, y *thermos*, calor. Y, claro, la primera pregunta que surge es inevitable: ¿de dónde viene ese calor?

Gran parte proviene de lo más profundo del planeta. Si pudiéramos viajar hasta el núcleo terrestre —a más de 6000 kilómetros de profundidad— encontraríamos temperaturas superiores a los 5000 °C. Desde ese interior incandescente, un flujo constante de energía térmica asciende lentamente hacia la superficie, atravesando el manto y la corteza. Es un proceso lento, pero persistente.

Tenemos pruebas de que ese calor está ahí. Los volcanes, los géiseres y las fumarolas son su expresión más espectacular: lugares donde el calor encuentra grietas en la corteza y consigue escapar. Cuando vemos una erupción volcánica, un surtidor de vapor o una columna de gases elevándose del suelo, estamos presenciando directamente cómo la Tierra libera su calor interno.

¿Y cómo se genera ese calor en el interior de la Tierra? Hay tres grandes fuentes que lo alimentan desde hace miles de millones de años:

1. Todo comienza con el nacimiento de la Tierra, hace unos 4500 millones de años. Nuestro planeta se formó a base de choques: incontables fragmentos rocosos y pequeños cuerpos celestes se fueron uniendo y compactando gracias a la gravedad. Fue un proceso muy violento, que liberó enormes cantidades de calor. Desde entonces, la Tierra se ha ido enfriando lentamente, aunque en su interior aún conserva parte de aquel calor original.
2. Paralelamente, a medida que el núcleo externo, que es líquido, se enfría y cristaliza, se libera calor adicional. Es una reacción exotérmica que mantiene activo y caliente el corazón del planeta.
3. Por último, la desintegración de elementos radiactivos naturales, como el uranio-235, el uranio-238, el torio-232 y el potasio-40. Estos isótopos, presentes sobre todo en ciertas rocas de la corteza, liberan energía térmica de manera continua y contribuyen a mantener caliente el interior del planeta. Conviene aclarar que hablamos de cantidades muy pequeñas y dispersas, por lo que esta radiactividad natural no representa un riesgo para la vida.

Ahora bien, el interior de la Tierra no es la única fuente de calor que afecta al subsuelo.

Desde el exterior, recibimos una cantidad aún mayor: la del Sol. Aunque gran parte de su radiación es absorbida por las nubes o la atmósfera, o reflejada al espacio, aproximadamente un 30% consigue alcanzar el suelo. Es suficiente para calentarnos a nosotros, a la superficie terrestre y para penetrar varios metros en el terreno.

Aquí es donde rompemos el primer mito: la geotermia no depende únicamente del calor procedente del interior del planeta, también se nutre del calor solar. De hecho, en los primeros metros del subsuelo, el Sol es quien manda, pero conforme descendemos, su influencia se diluye y el calor terrestre toma el relevo.

Pero ¿por qué no morimos abrasados con tanto calor que viene del interior de la Tierra y del Sol? La respuesta es sencilla y maravillosa: ¡gracias a la bendita corteza terrestre!

La corteza es nuestra capa protectora, un escudo rocoso que actúa como un enorme aislante térmico natural. Nos protege del calor que viene del interior y también regula el que recibimos del exterior (figura 2). Pero no solo eso: también lo acumula. Lo retiene. Lo guarda. Y ahí está, esperando a que sepamos cómo aprovecharlo con inteligencia.

Figura 2
La corteza terrestre actúa como un enorme aislante térmico que nos protege y acumula el calor que proviene del interior y del exterior.

Esa es la clave de la geotermia. No se trata de excavar hasta el núcleo del planeta, como en las películas de ciencia ficción; la energía está disponible desde los primeros metros de subsuelo. La corteza, lejos de ser un obstáculo, es la guardiana de ese calor, solo tenemos que aprender a aprovecharlo.

CAPÍTULO 2

Tipos de recursos geotérmicos

Durante mucho tiempo, los recursos geotérmicos se han clasificado según la profundidad a la que se encuentran. Se hablaba de geotermia somera para la que se aprovecha cerca de la superficie (normalmente a menos de 400 metros) y de geotermia profunda para la que requiere perforaciones más profundas. Pero esta forma de clasificar tiene sus limitaciones.

En algunos lugares, como las islas Canarias, apenas hay que excavar para encontrar temperaturas elevadas. En otros, aunque se perfore mucho, el calor no alcanza niveles útiles. Así que no basta con fijarse en cuántos metros hay que bajar, sino en el uso que puede darse a ese calor.

Por eso, hoy en día resulta más útil clasificar los recursos geotérmicos según el uso que permiten. Esta clasificación se organiza en tres grandes bloques: generación de electricidad, usos directos del calor y climatización mediante bomba de calor.

Según la clasificación de la tabla 1, mucho más completa e interesante, podemos hablar de cuatro tipos de yacimiento, que permiten diferentes usos en función de su temperatura.

Tabla 1
Clasificación de los recursos geotérmicos en función de la temperatura y el tipo de aprovechamiento que permiten.

ORIGEN	T°C	YACIMIENTO	USOS
PROFUNDO	>150 °C	De alta T°C	Transformar directamente el vapor de agua en energía eléctrica mediante turbinas
	90-150 °C	De media T°C	Producir energía eléctrica mediante un fluido de menor punto de evaporación (ciclo binario) Usos directos
	30-90 °C	De baja T°C	Calor insuficiente para producir energía eléctrica Usos directos
SOMERO	<30 °C	De muy baja T°C	Calefacción + refrigeración + agua caliente sanitaria mediante bomba de calor

Geotermia de alta temperatura (más de 150 °C)

Es la que permite generar electricidad. Se da principalmente en zonas volcánicas o con elevada actividad tectónica, donde el calor del interior de la Tierra asciende con mayor intensidad y las aguas subterráneas alcanzan temperaturas tan altas que pueden salir como vapor o líquido a presión, capaces de mover turbinas. Países como Islandia, Kenia, Indonesia o Italia aprovechan este tipo de recursos como parte habitual de su sistema energético. Aunque este ha sido históricamente el contexto más favorable para la producción eléctrica geotérmica, en las últimas décadas se están explorando nuevas aproximaciones —como los llamados sistemas geotérmicos mejorados (*enhanced geothermal systems*, EGS)— que buscan ampliar este modelo a regiones sin manifestaciones geotérmicas evidentes, como veremos más adelante.

Geotermia de temperatura media (entre 90 y 150 °C)

Aunque también puede utilizarse para generar electricidad —con menor rendimiento, mediante sistemas de ciclo binario—, donde realmente destaca es en los usos térmicos directos, donde el calor se utiliza tal cual, sin transformarlo, con una eficiencia alta y un coste más bajo: calefacción, procesos industriales, balnearios, secado de productos agrícolas... Desarrollaremos este uso en el capítulo 3.

En una planta geotérmica de ciclo binario, el calor del subsuelo se aprovecha incluso cuando la temperatura no es tan alta como para mover directamente una turbina. El fluido geotérmico (agua + vapor de agua + sales minerales) que extraemos no se convierte en vapor para generar electricidad, sino que cede su calor a otro fluido que hierve a una temperatura mucho más baja. Este segundo fluido se evapora fácilmente, mueve la turbina y, con ella, el generador eléctrico. Es como pasar la antorcha: el calor viaja del agua geotérmica a un "compañero" más volátil, que es quien hace el trabajo final. Aunque estos sistemas tienen una eficiencia algo menor, permiten aprovechar recursos que de otro modo quedarían desaprovechados. Los explicaremos en el capítulo 4.

Geotermia de baja temperatura (entre 30 y 90 °C)

Aquí el abanico de aplicaciones de usos directos térmicos se amplía: redes de calefacción urbana, climatización de edificios, invernaderos o piscifactorías. Es un rango ideal para usos sostenibles y su rendimiento mejora aún más si se combina con tecnologías como la bomba de calor, que veremos en detalle más adelante.

Geotermia de muy baja temperatura (menos de 30 °C)

Cualquier punto de la corteza terrestre, incluso con temperaturas inferiores a 30 °C, puede ser una fuente geotérmica de muy baja temperatura gracias a la bomba de calor. Aunque hablaremos de ello con más detalle en el capítulo 5, este es un buen momento para desmontar otro mito: la geotermia no es exclusiva de volcanes ni de zonas con calor extremo. Con una bomba de calor, puede aprovecharse prácticamente en cualquier lugar —viviendas, escuelas, oficinas— sin necesidad de perforaciones profundas ni de temperaturas elevadas.

Ya sabemos qué tipos de calor podemos aprovechar; ahora es momento de ver cómo lo hacemos: qué tecnologías lo hacen posible y cómo se adaptan a cada tipo de recurso.

CAPÍTULO 3

El calor que siempre estuvo ahí

Cuando hablo de geotermia, me gusta recorrer su historia en el mismo orden en que la humanidad aprendió a aprovecharla (figura 3). Así se entiende mejor el camino recorrido: los avances científicos y tecnológicos que nos han llevado hasta hoy.

Figura 3
Evolución cronológica de la geotermia y el ser humano.

El primer uso fue el más sencillo: aprovechar directamente el calor de la Tierra sin intermediarios ni máquinas. De ello trataremos en este capítulo.

A partir de 1904 llegó un gran salto: generar electricidad con geotermia de alta temperatura, tema que abordaremos en el capítulo 4. Y desde 1948, otro avance decisivo: el uso de bombas de calor para intercambiar energía con el terreno y climatizar edificios, que desarrollaremos en el capítulo 5.

Mucho antes de que supiéramos generar electricidad con el calor terrestre, y siglos antes de que alguien inventara la bomba de calor, ya habíamos aprendido a disfrutar de la geotermia. Hace unos dos millones de años, nuestros antecesores probablemente aprovechaban el calor natural del terreno o de las aguas termales para calentarse, cocinar alimentos o aliviar dolencias. Las cuevas, con su temperatura constante durante todo el año, ofrecían refugio térmico durante las glaciaciones.

Más tarde, muchas culturas descubrieron el valor de las fuentes termales. En distintas partes del mundo, el agua caliente del subsuelo se convirtió en símbolo de salud, bienestar y espiritualidad. Los baños públicos —desde las termas romanas hasta los *hamam* árabes— perpetuaron su uso social y terapéutico, mientras numerosos pueblos indígenas de América, Asia u Oceanía veneraban estos manantiales como manifestaciones del poder de la Tierra.

En China, hace más de 3000 años, se empleaban para cocinar y aliviar dolores; en el Japón ancestral, el baño en los onsen formaba parte de la vida espiritual; en Mesoamérica y los Andes, aztecas e incas les rendían culto. Allí donde surgía agua caliente del suelo, el ser humano supo encontrar bienestar, salud y utilidad.

Con la Edad Moderna, los balnearios evolucionaron y se multiplicaron en Norteamérica y Europa. Al mismo tiempo, la ciencia empezó a interesarse por el origen y las propiedades del calor subterráneo. El uso de las aguas termales se mantuvo como práctica médica, cultural y recreativa, y sigue siendo, aún hoy, la forma más popular y reconocida de aprovechamiento geotérmico.

Pero los usos directos no se limitan a los balnearios. Hoy en día, esta forma de geotermia abarca un abanico de usos mucho más amplio de lo que se suele imaginar, y todo depende de una variable clave: la temperatura del yacimiento (figura 4).

Figura 4
Usos directos de la geotermia.

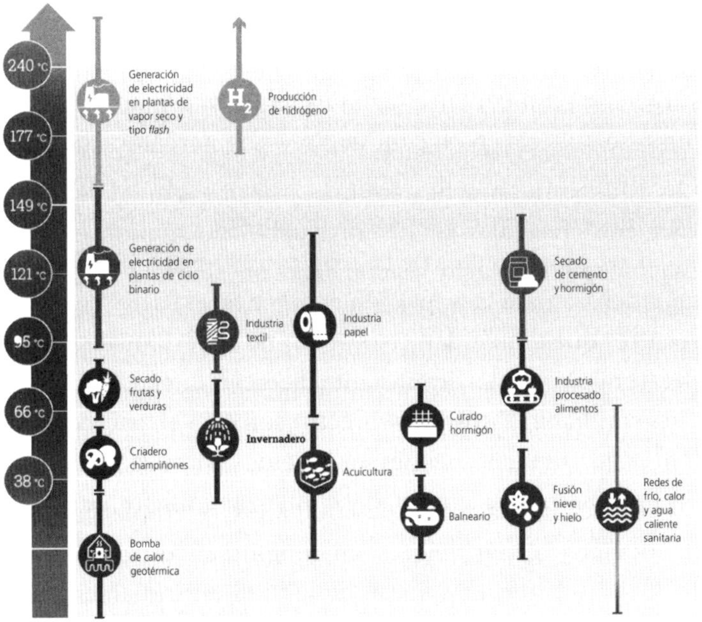

Fuente: Alcalde Martín *et al.* (2026).

El rango de temperatura, habitualmente entre 40 y 150 °C, permite utilizar la energía geotérmica en procesos industriales, agrícolas, residenciales o de servicios. En la industria, se emplea para el secado de papel, madera o textiles; en el sector agrícola, para calefactar invernaderos o piscifactorías; en la construcción, para el curado de hormigón. También se usa en cementeras, mataderos o plantas agroalimentarias que requieren calor constante, aunque no necesariamente temperaturas muy elevadas. Incluso en piscinas públicas o redes de calefacción urbana, el calor geotérmico ha demostrado ser una solución simple y eficaz.

Estas aplicaciones tienen una gran ventaja: son sencillas, eficientes y locales. Aprovechan el calor tal como sale del subsuelo, con mínimas pérdidas y sin necesidad de convertirlo en electricidad. Desde el punto de vista técnico, estos sistemas son relativamente sencillos: un pozo o una surgencia para captar el agua caliente, una bomba que la impulse, tuberías para conducirla y un intercambiador para transferir el calor. En algunos casos, se añaden depósitos de almacenamiento o sistemas de apoyo.

Los usos directos de la geotermia son una herramienta poderosa para la transición energética, especialmente en sectores que demandan calor, pero no necesitan altas temperaturas. Y, lo más importante, acercan la geotermia a la vida cotidiana. Estos usos directos son solo el primer escalón; en los siguientes capítulos veremos cómo la geotermia permite generar electricidad y climatizar edificios de forma mucho más avanzada.

CAPÍTULO 4

La revolución del siglo XX: convertir calor en electricidad

Después de miles de años aprovechando el calor del subsuelo de forma directa, en baños termales, procesos artesanales o calefacción natural, llegó un momento en que dimos un salto cualitativo: convertir ese calor en electricidad.

Todo empezó el 4 de julio de 1904, cuando el príncipe italiano Piero Ginori Conti encendió cinco bombillas utilizando un simple generador de dinamo movido por vapor del subsuelo de Larderello, en la Toscana. Por primera vez en la historia, la energía geotérmica se transformaba en electricidad. Había nacido la geotermia eléctrica.

Pocos años después, en 1913, se inauguró en Larderello la primera planta geotérmica comercial del mundo. Con el tiempo, esta localidad toscana se convirtió en uno de los polos energéticos más singulares del planeta. Hoy, el campo geotérmico de Larderello y las áreas cercanas cuentan con más de 30 centrales operadas por Enel Green Power, que suman alrededor de 900 MW de potencia instalada y producen en torno a 5000 GWh al año. Esa energía cubre una parte muy significativa del consumo eléctrico de la región y demuestra que la geotermia puede mantenerse activa durante más de un siglo si se gestiona adecuadamente.

¿Qué condiciones necesita un yacimiento geotérmico para generar electricidad?

No basta con que la Tierra esté caliente por dentro. En el tipo de sistema más habitual y mejor conocido —los sistemas geotérmicos hidrotermales—, para que sea posible generar electricidad deben darse tres condiciones fundamentales en el subsuelo (figura 5):

1. Una fuente de calor, como una intrusión magmática o un gradiente geotérmico muy elevado.
2. Agua, que se infiltra desde la superficie (lluvia, nieve o ríos) y se calienta a medida que desciende.
3. Una capa impermeable que actúa como sello geológico impidiendo que el calor y la presión escapen.

Figura 5
Elementos de un yacimiento geotérmico de alta temperatura.

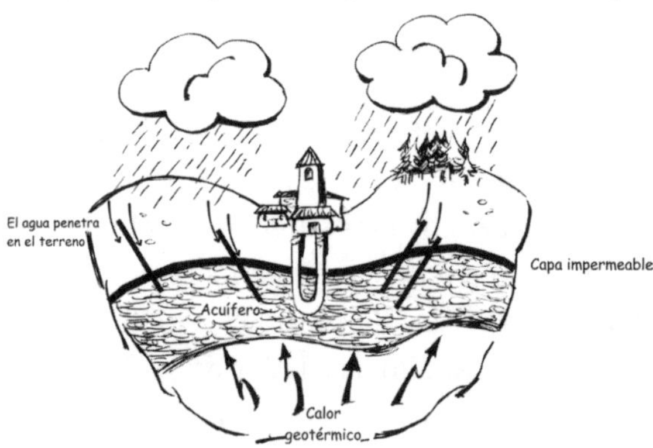

Fuente: Mario Robles López.

Cuando se reúnen estas tres condiciones —calor, agua y sello— se forma un reservorio geotérmico de alta temperatura (por encima de 150 °C), es decir, un yacimiento con suficiente presión y temperatura como para alimentar una planta eléctrica.

El esquema descrito corresponde al caso más conocido y ampliamente explotado, en el que el agua circula de forma natural por el subsuelo. No obstante, existen otras configuraciones en las que el calor está presente en la roca, pero es necesario crear artificialmente el recorrido del agua. Estos sistemas, conocidos como sistemas geotérmicos mejorados, se describen más adelante y se ilustran en la figura 11.

A partir de ahí, el reto es técnico: perforar un sondeo profundo hasta alcanzar el reservorio y canalizar el fluido geotérmico —una mezcla de agua caliente, vapor y sales disueltas— hacia la superficie de la forma más eficiente posible (figura 6).

Figura 6
Esquema de una planta geotérmica.

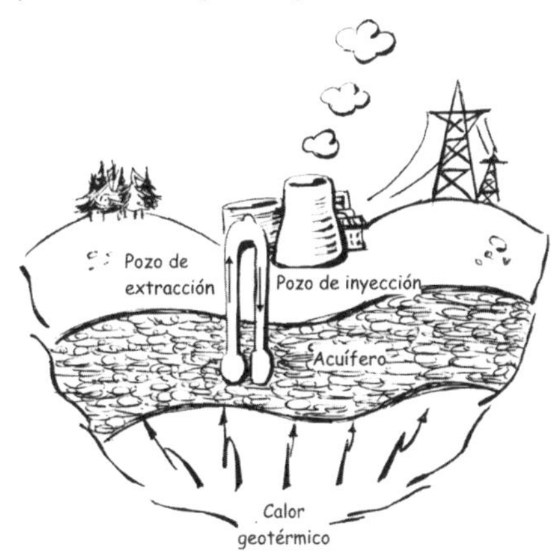

Fuente: Mario Robles López.

¿Cómo funciona una planta geotérmica?

Aunque pueda parecer una tecnología compleja, el principio de funcionamiento es muy parecido al de otras formas de generación eléctrica: un fluido en movimiento hace girar una turbina, que a su vez mueve un eje conectado a un generador (figura 7). Este generador, formado por electroimanes, transforma el movimiento en energía eléctrica lista para ser inyectada a la red.

Figura 7
El sistema siempre es el mismo: turbina → eje → generador.

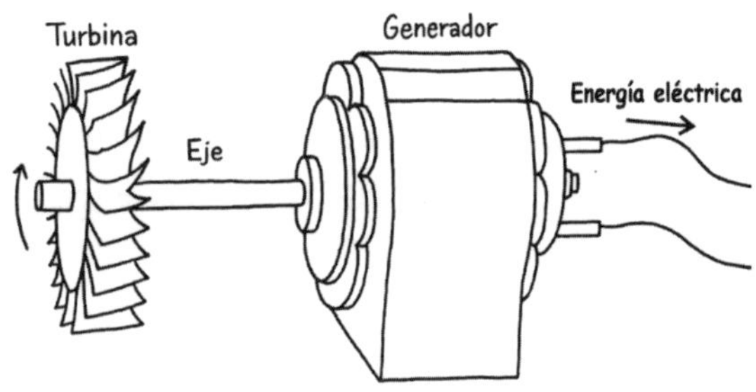

Este sistema es el mismo que se utiliza en distintas energías renovables. La única diferencia es qué fluido mueve la turbina:

- En la energía eólica, es el viento.
- En la energía hidráulica, es el agua al caer de gran altura en la presa.
- En la geotermia, es el vapor de agua, a alta presión y temperatura, el que hace el trabajo.

Según la temperatura del recurso y el tipo de fluido disponible, existen tres tecnologías principales para transformar el calor del subsuelo en electricidad.

Plantas de vapor seco

Es el sistema más simple y directo. El vapor sale tal cual del subsuelo y se conduce directamente a la turbina (figura 8). Solo funciona en entornos muy especiales, donde el vapor es dominante, seco y relativamente limpio. Fue el sistema que se utilizó en Larderello y sigue en funcionamiento en lugares como The Geysers, en California.

Figura 8
Planta tipo vapor seco.

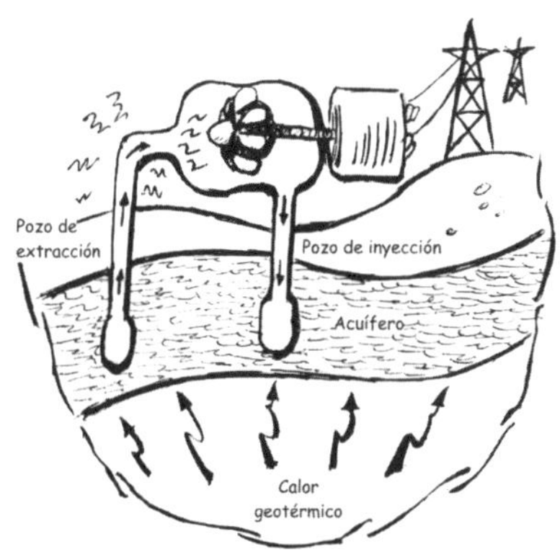

Fuente: Mario Robles López.

Plantas de vapor *flash*

Aquí el fluido geotérmico es una mezcla de agua líquida y vapor. No puede enviarse directamente a la turbina, porque las sales disueltas y la fase líquida podrían dañarla. Se hace pasar por un separador (*flash*), que extrae el vapor y lo dirige a la turbina (figura 9). El agua sobrante puede utilizarse en otros procesos o reinyectarse al subsuelo. Es una tecnología ampliamente usada en países como Filipinas, México o Indonesia.

Figura 9
Planta tipo *flash*.

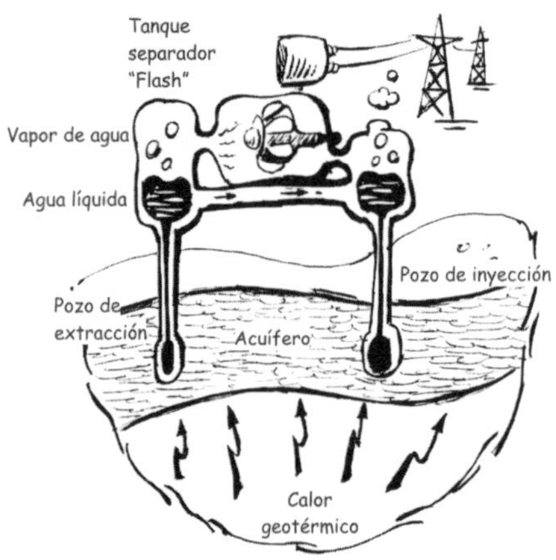

Fuente: Mario Robles López.

Plantas de ciclo binario

Se emplean cuando la temperatura del fluido geotérmico es más baja (entre 100 y 150 °C), insuficiente para generar vapor directamente. En lugar de desaprovechar ese calor, se transfiere a un fluido secundario orgánico con un punto de ebullición más bajo que se evapora, mueve la turbina y luego se condensa. El agua geotérmica, enfriada tras transferir el calor al fluido orgánico sin que exista contacto directo entre ambos, se reinyecta al terreno (figura 10). Este sistema permite aprovechar yacimientos antes considerados inadecuados para generación eléctrica.

FIGURA 10
Planta ciclo binario.

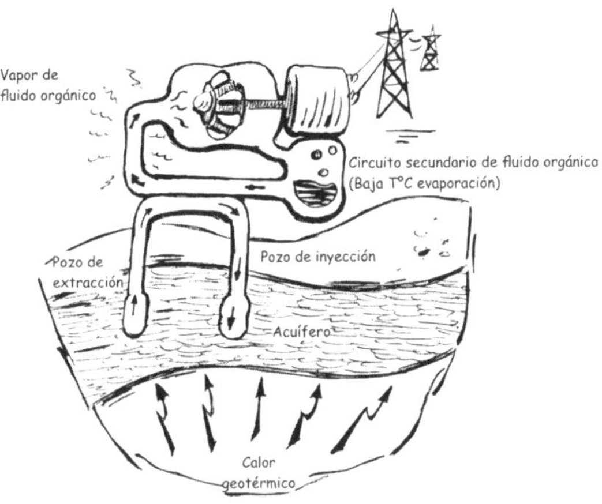

FUENTE: MARIO ROBLES LÓPEZ.

Todos estos sistemas requieren una infraestructura compleja: pozos profundos de producción, intercambiadores de calor, turbinas, generadores y sistemas de reinyección. Pero antes de construir una planta, hay algo aún más crucial: el conocimiento del subsuelo. Apostar por una planta geotérmica eléctrica no es una decisión que se pueda tomar a la ligera. Supone un proceso largo, con un objetivo central: reducir al máximo el riesgo económico de la inversión. Por eso resulta imprescindible realizar una campaña de exploración rigurosa que combine estudios geológicos, geofísicos y geoquímicos y que, en muchos casos, incluya sondeos de exploración. Solo así se puede confirmar la presencia de un recurso geotérmico viable y diseñar un sistema de extracción y reinyección sostenible durante toda la vida útil de la planta.

Cuando la naturaleza ofrece esta combinación ideal —temperatura, fluido y confinamiento—, lo que tenemos ante nosotros es una fuente de energía respetuosa con el medioambiente y prácticamente inagotable. A diferencia de otras renovables, la geotermia eléctrica produce electricidad las 24 horas del día, todos los días del año, sin depender del clima, del sol o del viento. Por eso, países como Islandia, Filipinas, El Salvador, Kenia o Nueva Zelanda han apostado decididamente por esta tecnología, y también por eso, cada vez más regiones del mundo están explorando nuevas formas de ampliarla, incluso en lugares donde no hay manifestaciones volcánicas evidentes.

Figura 11
Sistemas geotérmicos estimulados.

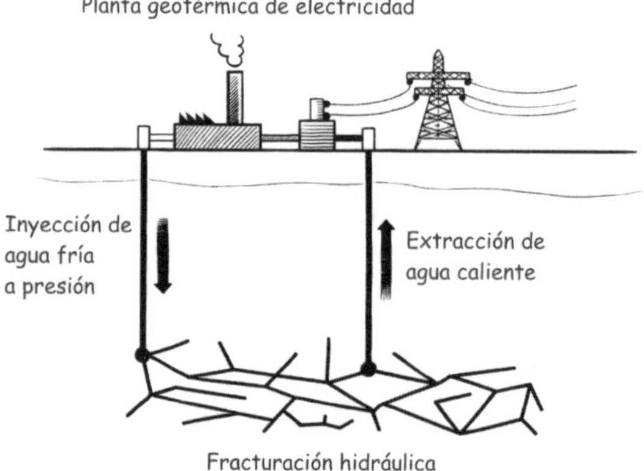

Desde hace varias décadas se están desarrollando los llamados sistemas geotérmicos mejorados, una tecnología que permite aprovechar el calor almacenado en rocas profundas incluso en ausencia de acuíferos (masas de agua subterránea). En estos sistemas (figura 11) se crea artificialmente, mediante fracturación hidráulica, un circuito de circulación de agua entre sondeos profundos, de modo que el agua se calienta al atravesar la roca caliente y cede su energía en superficie para producir electricidad, antes de ser reinyectada al subsuelo.

Aunque se trata de una tecnología aún en desarrollo y con importantes retos técnicos y sociales, algunos proyectos han demostrado su viabilidad y su potencial para ampliar de forma significativa las zonas del planeta capaces de producir electricidad geotérmica.

CAPÍTULO 5

Climatización mediante bomba de calor: la revolución silenciosa

Tras siglos aprovechando el calor de la Tierra de forma directa y décadas generando electricidad con recursos de alta temperatura, llegó un invento que lo cambió todo: la bomba de calor.

Siempre que doy una charla sobre geotermia me gusta decir —medio en broma, medio en serio— que es el tercer mejor invento de la historia de la humanidad, después de la cama y la rueda. Al principio provoca risas, pero cuando explico todo lo que es capaz de hacer, más de uno empieza a darme la razón. Porque, en realidad, ¡es un invento asombroso! Gracias a ella, la geotermia dejó de ser exclusiva de zonas volcánicas o acuíferos excepcionales para convertirse en una opción viable en casi cualquier lugar del planeta.

La historia comienza en 1852, cuando el científico William Thomson, más conocido como lord Kelvin, formuló el "segundo principio de la termodinámica": es posible hacer que el calor fluya de un cuerpo frío a otro caliente si se realiza un trabajo sobre el sistema. En otras palabras, se puede hacer que el calor vaya contra su camino natural si le damos un pequeño empujón energético.

Aplicando este principio, en 1928 se construyó la primera bomba de calor, y en 1948 se instaló en Portland (Oregón, EE UU) la primera bomba de calor geotérmica para una vivienda. Desde entonces, su desarrollo ha sido imparable.

En la naturaleza, el calor —energía térmica en movimiento— siempre fluye del cuerpo más caliente al más frío. Pero la bomba de calor rompe esa regla… con permiso de la física: es capaz de trasladar calor desde un medio frío hasta otro más caliente, aportando solo un poco de trabajo externo, normalmente en forma de electricidad (figura 12).

FIGURA 12
La bomba de calor es un equipo que, conectado a la red eléctrica, mueve el calor de un foco frío a uno caliente, en contra de lo que se produciría en la naturaleza.

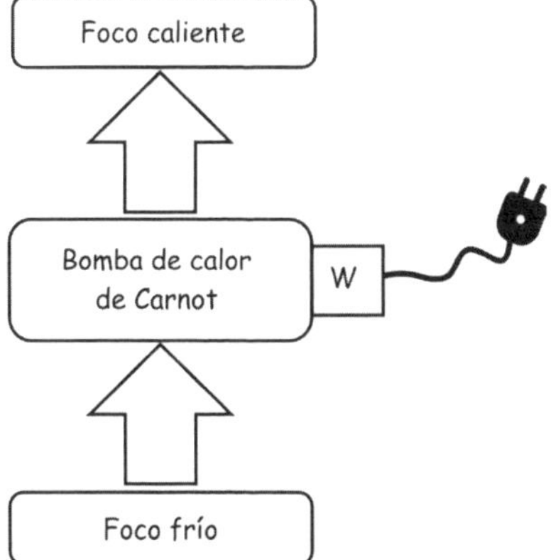

Y lo más curioso es que casi todos tenemos ya una bomba de calor en casa, aunque no lo sepamos: se llama frigorífico. Sí, ese electrodoméstico tan cotidiano es, en realidad, una bomba de calor que extrae el calor del interior y lo expulsa por la parte trasera (figura 13). Por eso, si acercas la mano, siempre notarás caliente la parte posterior del mismo.

FIGURA 13
Un frigorífico es una bomba de calor que extrae el calor del interior para mantener frescos los alimentos y lo expulsa por su parte posterior.

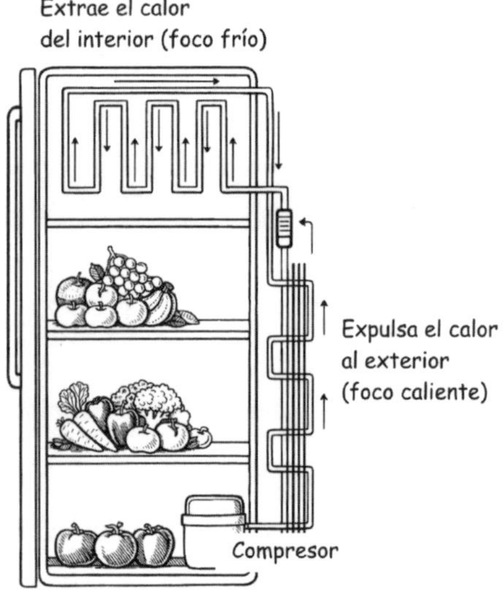

En esencia, una bomba de calor es un sistema eléctrico capaz de mover calor de un lugar a otro con un consumo eléctrico moderado y una eficiencia sorprendente.

Gracias a la bomba de calor, el abanico de posibilidades para aprovechar de forma sostenible el calor del entorno se ha multiplicado. Según el medio con el que intercambia calor, distinguimos (figura 14):

- Aerotermia: capta o cede calor al aire exterior.
- Hidrotermia: lo hace con masas de agua, como lagos, ríos, canalizaciones o incluso el mar.
- Geotermia: intercambia calor con el terreno, a través de sondas verticales, horizontales o pilotes termoactivos.

En todos los casos, la bomba de calor actúa como un puente entre el entorno y el confort interior, proporcionando calefacción, refrigeración y agua caliente sanitaria con una sola tecnología.

Figura 14
Una misma tecnología, la bomba de calor, permite intercambiar energía con el aire (aerotermia), con el agua superficial (hidrotermia) o con el subsuelo (geotermia).

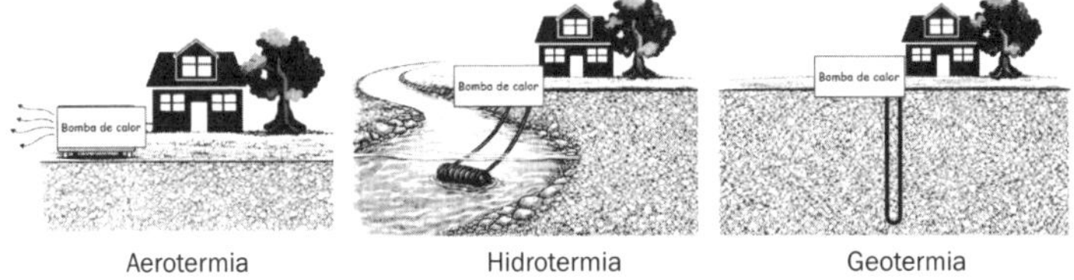

Aproximadamente entre el 75 y el 85% de la energía térmica que entrega la bomba en el interior procede directamente del medio con el que se intercambia energía —ya sea del aire (aerotermia), del agua (hidrotermia) o del subsuelo (geotermia)— y solo el 15-25% proviene de la electricidad que consume. Así, multiplica la energía útil que obtenemos sin generar emisiones locales (figura 15).

El evaporador es la parte de la bomba de calor donde capta calor (para evaporar el fluido). El condensador es la parte en la que se libera el calor. El compresor es la parte que necesita electricidad para funcionar.

Figura 15
Del 100% de energía térmica que entrega la bomba de calor en el edificio la mayor parte (80-85% en casos de geotermia) proceden del terreno. El resto es el consumo eléctrico del compresor, aproximadamente un 15-20%.

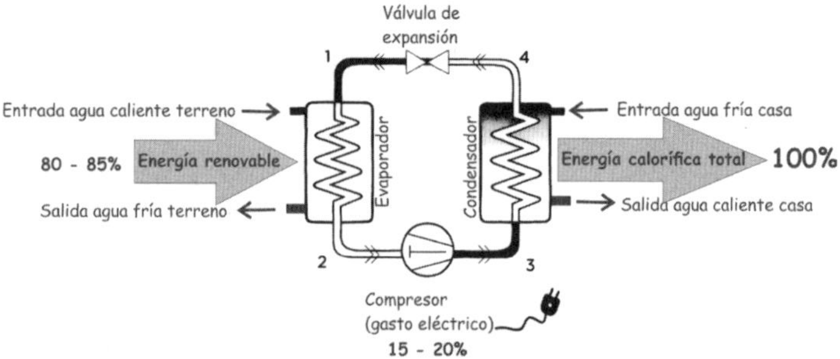

Las cifras de la figura 15 son generales y aproximadas. Cada bomba y cada instalación en la vida real dependen de numerosos factores que pueden llevar a aumentar o disminuir estos porcentajes. Además, estos son más favorables cuando el intercambio se realiza con el subsuelo, gracias a su temperatura más estable, como se razonará a continuación.

En los últimos años han aparecido las bombas de calor reversibles, capaces de invertir el sentido del flujo térmico a voluntad: calentar en invierno y enfriar en verano (figura 16). Con un solo equipo y una única fuente de energía renovable —la electricidad— se puede cubrir toda la climatización de un edificio con eficiencias muy superiores a las de cualquier sistema convencional.

Figura 16
La bomba de calor reversible proporciona calefacción en invierno y refrigeración en verano.

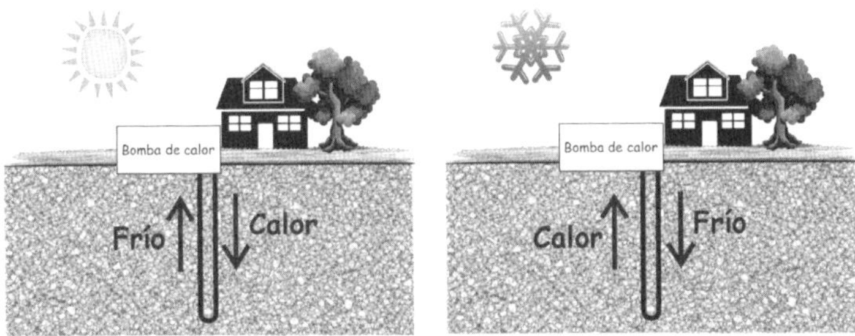

Aplicada al subsuelo, la bomba de calor marcó un verdadero cambio de paradigma. A diferencia de otros sistemas de climatización que necesitan quemar combustibles, la bomba de calor simplemente transfiere calor usando electricidad, y lo más revolucionario: no requiere altas temperaturas ni condiciones geológicas especiales. Basta con que el terreno mantenga una temperatura estable —incluso por debajo de 30 °C— para que el sistema pueda extraer o ceder calor según la estación. En otras palabras, la bomba de calor ha convertido la geotermia en una opción universal. Ya no es una rareza volcánica, sino una solución viable en ciudades, pueblos y zonas rurales o industriales, en cualquier tipo de terreno: arcillas, calizas o granitos.

Eficiencia de la bomba de calor: COP y EER

Cuando hablamos de eficiencia energética estamos acostumbrados a ver letras: la nevera de casa con etiqueta A+++, la lavadora con A o B, o incluso los certificados de eficiencia de los edificios. Esas letras son un modo sencillo de resumir cuánto consume un aparato para darnos un mismo servicio. Cuanto más alta la letra, menos electricidad gasta para hacer lo mismo.

En las bombas de calor ocurre algo parecido, pero en lugar de letras usamos dos parámetros: COP (*coefficient of performance*) y EER (*energy efficiency ratio*). Son la forma técnica de medir su eficiencia, tanto en invierno como en verano:

- El COP se emplea en invierno, cuando la bomba trabaja en modo calefacción. Nos dice cuántas unidades de calor conseguimos dentro de la casa por cada unidad de electricidad que consume la máquina.
- El EER se utiliza en verano, cuando funciona en modo refrigeración. Indica cuántas unidades de frío aporta en el interior por cada unidad de electricidad gastada.

Figura 17

El COP de una bomba de calor se calcula como la cantidad de energía térmica proporcionada en el edificio dividido entre la cantidad de potencia eléctrica consumida por el compresor.

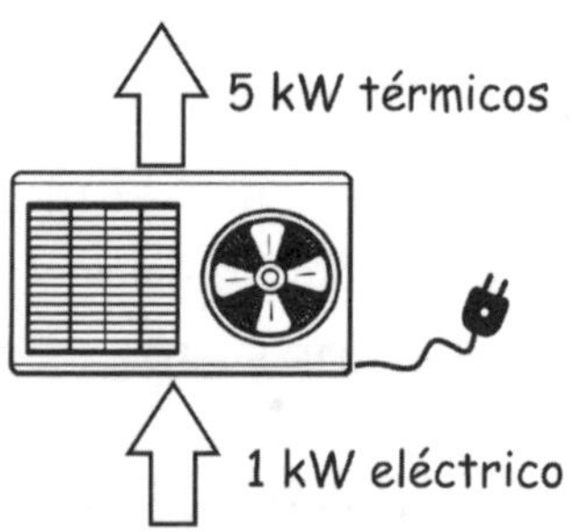

$$COP = \frac{\textit{Potencia térmica proporcionada } (kW_t)}{\textit{Potencia eléctrica consumida } (kW_e)} = \frac{5}{1} = 5$$

A diferencia de una estufa eléctrica —donde 1 kWh de electricidad produce exactamente 1 kWh de calor—, una bomba de calor multiplica la energía: puede dar tres, cuatro o incluso cinco veces más calor o frío del que consume.

La eficiencia ideal de una bomba de calor depende únicamente de la diferencia de temperatura entre el lugar donde toma el calor (foco frío) y donde lo entrega (foco caliente). Cuanto menor es ese salto térmico entre ambos focos, menos esfuerzo debe hacer la máquina. Este principio fue formulado en 1824 por el ingeniero francés Sadi Carnot, y por eso hablamos del ciclo de Carnot. En el caso ideal, las expresiones de eficiencia son:

$$COP = \frac{T_{foco\ caliente}}{T_{foco\ caliente} - T_{foco\ frío}}$$

$$EER = \frac{T_{foco\ frío}}{T_{foco\ caliente} - T_{foco\ frío}}$$

La lección es sencilla: es mucho más fácil trasladar calor cuando las temperaturas de origen y destino están próximas que cuando la máquina tiene que superar un gran desnivel térmico.

Aerotermia frente a geotermia

Una vez entendido qué significan el COP y el EER, llega la pregunta clave: ¿por qué la misma bomba de calor funciona de manera distinta si intercambia energía con el aire (aerotermia) o con el terreno (geotermia)?

La diferencia se entiende mejor con un ejemplo. Imaginemos que queremos mantener nuestra casa a 22 °C todo el año.

Invierno: necesitamos calefacción (figura 18)

- Aerotermia: si el aire exterior está a 5 °C, la bomba debe extraer calor de un medio muy frío para llevarlo hasta los 22 °C de la vivienda. El salto térmico es grande y, por tanto, el esfuerzo y el consumo eléctrico aumentan.
- Geotermia: si en lugar del aire usamos el terreno, que se mantiene estable alrededor de 18 °C, el salto es mucho menor y la bomba trabaja con mucha más facilidad y eficiencia.

Figura 18
En invierno la bomba es más eficiente extrayendo el calor del terreno a 18 °C (geotermia) que del aire a 5 °C (aerotermia).

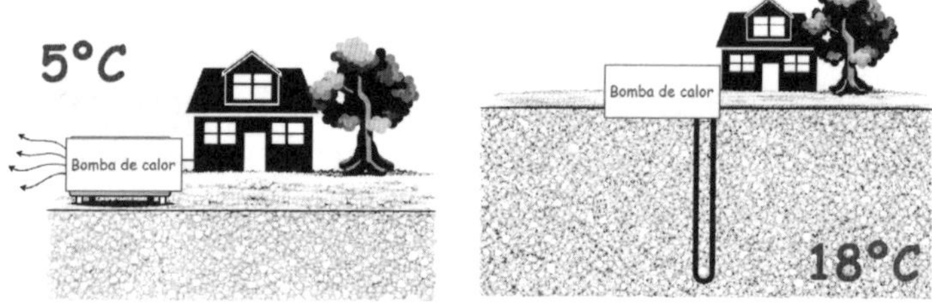

Si hacemos las cuentas con el caso ideal descrito por Carnot, la diferencia es enorme.

INVIERNO (NECESIDAD DE CALEFACCIÓN)		COP
Valor teórico (según ciclo de Carnot)		$COP = \frac{T_{foco\ caliente}}{T_{foco\ caliente} - T_{foco\ frío}}$
Aerotermia	Aire: foco frío = 5 °C = 278 K Casa: foco caliente = 22 °C = 295 K	$COP = \frac{295}{295 - 278} = 17{,}36$
Geotermia	Terreno: foco frío = 18 °C = 291 K Casa: foco caliente = 22 °C = 295 K	$COP = \frac{295}{295\ \ 291} = 73{,}79$

Verano: necesitamos refrigeración (figura 19)

- Aerotermia: el aire exterior puede superar los 40 °C; entonces, la bomba debe expulsar el calor de la vivienda hacia un medio aún más caliente, lo que reduce notablemente su rendimiento.
- Geotermia: el terreno, en cambio, sigue estable entre 15 y 18 °C. Expulsar calor allí resulta mucho más sencillo; de hecho, a veces ni siquiera hace falta que la bomba trabaje: basta con aprovechar directamente la temperatura del subsuelo, lo que se conoce como frío pasivo o *free cooling*.

FIGURA 19
En verano, la bomba es más eficiente inyectando el calor en el terreno a 18 °C (geotermia) que expulsándolo al aire a 40 °C (aerotermia).

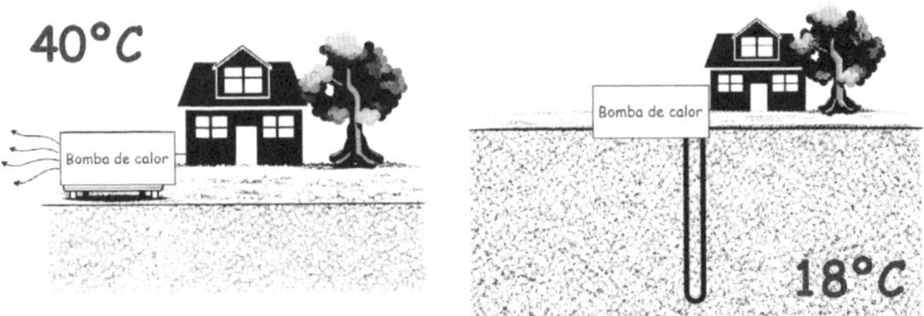

De nuevo, en el caso ideal.

VERANO (NECESIDAD DE REFRIGERACIÓN)		EER
Valor teórico (según ciclo de Carnot)		$EER = \frac{T_{foco\ frío}}{T_{foco\ caliente} - T_{foco\ frío}}$
Aerotermia	Aire: foco caliente = 40 °C = 313 K Casa: foco frío = 22 °C = 295 K	$EER = \frac{295}{313 - 295} = 16{,}40$
Geotermia	Terreno: foco caliente = 18 °C = 291 K Casa: foco frío = 22 °C = 295 K	Al estar el terreno más frío que la casa no hace falta hacer trabajar a la bomba de calor. A esto se le denomina frío pasivo o *free cooling*.

En resumen, tanto en invierno como en verano, la clave está en el salto térmico: cuanto menor es la diferencia entre la temperatura exterior y la de confort de la vivienda, mayor es la eficiencia de la bomba de calor. Y ahí la geotermia parte siempre con ventaja gracias a la estabilidad del terreno.

Conviene aclarar, no obstante, que los valores obtenidos a partir del ciclo de Carnot representan límites teóricos ideales, inalcanzables en la práctica. Las bombas de calor comerciales suelen rendir entre un 30 y un 50% de esos valores debido a pérdidas y limitaciones técnicas. Además, el COP y el EER no son directamente comparables entre sí, ya que describen el funcionamiento de la bomba de calor en modos distintos —calefacción y refrigeración— y bajo condiciones diferentes, por lo que deben interpretarse siempre dentro de su propio contexto.

Los rangos que se muestran a continuación son valores orientativos habituales en instalaciones reales y pueden variar en función del diseño del sistema, el clima y las temperaturas de trabajo.

	COP CALEFACCIÓN	EER REFRIGERACIÓN
Aerotermia	2,5 - 4,0	3,0 - 4,5
Geotermia	3,5 - 5	4,0 - 6,0

El resultado es claro: una mayor eficiencia de la bomba de calor en geotermia. Y esto no solo significa un mejor aprovechamiento energético, sino también una inversión más rentable: se recupera antes y los ahorros en la factura empiezan a notarse más pronto.

Además, hay una buena noticia desde Bruselas: según la Comisión Europea (2013/C 113/01), cuando la eficiencia de una bomba de calor supera un valor de 2,5, la energía térmica que produce se considera energía renovable[1].

¿Qué tipos de instalaciones geotérmicas existen?

Para intercambiar energía con el terreno, se instalan tubos bajo la superficie por los que circula un fluido portador de calor —normalmente agua—; en climas fríos, se le añade anticongelante. Estos tubos pueden colocarse de varias formas, según el espacio disponible y las características del subsuelo. Las configuraciones más habituales son (figura 20):

- Sistemas abiertos: se emplean cuando existe un acuífero bajo el edificio que permite extraer e inyectar agua con facilidad, es decir, cuando el terreno es suficientemente permeable para que el agua circule adecuadamente. El agua se extrae por un pozo, cede o recibe calor en superficie mediante una bomba de calor y, después, se devuelve al acuífero por otro pozo.
- Sistemas cerrados: el fluido circula en un circuito sellado, intercambiando calor con el terreno sin entrar en contacto con el agua subterránea.
    - Circuitos horizontales: se colocan a poca profundidad, extendiendo los tubos de forma horizontal en zanjas. Son adecuados cuando hay espacio libre y el terreno no es rocoso.

1. Comunicación de la Comisión (2013/C 113/01) relativa a las directrices para el cálculo de la energía procedente de bombas de calor con arreglo al artículo 5 de la Directiva 2009/28/CE).

- Circuitos verticales: se instalan en sondeos que alojan las sondas geotérmicas y que suelen tener típicamente en torno a los 100-150 m. Requieren menos superficie en planta y ofrecen un intercambio térmico más estable durante todo el año.

Cada sistema tiene sus ventajas y limitaciones, pero todos comparten la misma idea: aprovechar la temperatura estable del subsuelo para trabajar con una mayor eficiencia energética.

FIGURA 20
Sistemas geotérmicos abiertos y cerrados verticales y horizontales.

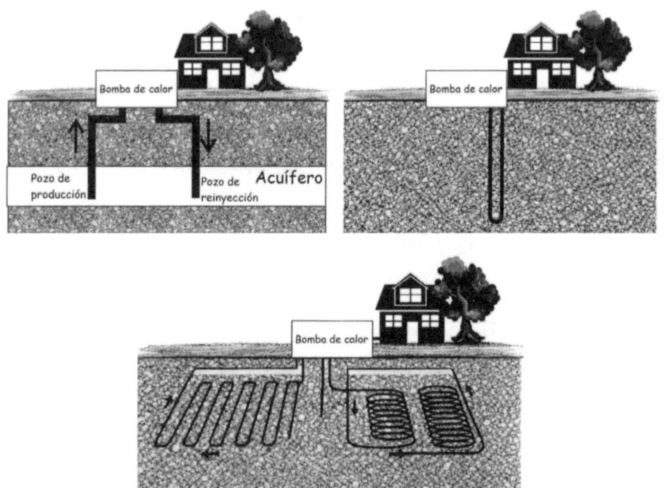

La Agencia Internacional de la Energía (AIE) y la Comisión Europea consideran la bomba de calor como una de las tecnologías clave de la transición energética y la herramienta más potente que tenemos para descarbonizar y electrificar la climatización. Con un solo sistema ofrece calefacción en invierno, refrigeración en verano y agua caliente sanitaria, sin necesidad de quemar combustibles fósiles. Además, consume mucha menos electricidad que otros métodos y, si esta proviene de fuentes renovables como la solar fotovoltaica o la eólica, el resultado es un sistema prácticamente libre de emisiones.

CAPÍTULO 6

Aplicaciones geotérmicas que ya están aquí

Desde la segunda mitad del siglo XX, el conocimiento y el ingenio humano han multiplicado las formas de aprovechar el calor del subsuelo: desde almacenar energía solar para el invierno hasta calentar invernaderos, viviendas o túneles, e incluso desalinizar agua de mar. En este capítulo veremos algunas de las formas más interesantes y fácilmente aplicables.

Almacenamiento subterráneo de calor o frío: el subsuelo como batería térmica

Como ya hemos visto anteriormente, el calor siempre fluye de forma natural desde un lugar más caliente a otro más frío. Lo mismo pasa en nuestros hogares: en invierno el calor se escapa y en verano entra. Pero ¿y si pudiéramos guardar ese calor cuando nos sobra y recuperarlo cuando lo necesitamos? Eso es, precisamente, lo que permite el almacenamiento térmico estacional.

Esta estrategia convierte al subsuelo en una enorme batería natural capaz de conservar energía térmica durante semanas o meses. En lugar de desperdiciar el calor excedente del verano o de un proceso industrial, se transfiere al terreno o al agua subterránea, donde queda almacenado para recuperarlo más adelante, por ejemplo, en invierno. Esta tecnología se denomina almacenamiento de energía térmica en el subsuelo (*underground thermal energy storage*, UTES).

Existen diferentes tipos de almacenamiento geotérmico según el medio utilizado, aunque los más importantes son (figura 21):

- Almacenamiento térmico en acuíferos, conocido (*aquifer thermal energy storage*, ATES): el calor o el frío se almacena en un acuífero. Son sistemas abiertos, con pozos de inyección y de extracción. Es fundamental que el acuífero tenga un flujo de agua muy bajo o nulo, ya que de lo contrario la energía térmica se disiparía. Su eficiencia depende en gran parte de la distancia y orientación de los pozos respecto al flujo natural del agua.
- Almacenamiento térmico en sondeos (*borehole thermal energy storage*, BTES): el calor se almacena directamente en el terreno, con o sin presencia de agua subterránea. Para ello, se perfora un conjunto de sondeos verticales con sondas geotérmicas por donde circula el fluido de intercambio de calor. El calor queda acumulado en el volumen de terreno que rodea a los sondeos.
- Almacenamiento térmico en cavernas (*cavern thermal energy storage*, CTES): el calor se almacena en

cavernas artificiales o naturales, a menudo excavadas en roca, para guardar agua caliente a presión. Son especialmente útiles en aplicaciones urbanas a gran escala o en zonas con minas abandonadas.

Dos ejemplos muy inspiradores de almacenamiento térmico son Drake Landing (Canadá), donde el calor solar de verano se guarda en el subsuelo mediante 144 sondeos, proporcionando en invierno calefacción al 97% de las necesidades de 52 viviendas; y la ciudad de Vantaa (Finlandia), que está construyendo la que será, hasta la fecha, la mayor batería térmica subterránea del mundo y que está previsto que entre en funcionamiento en 2028: una caverna excavada a unos 100 m de profundidad con capacidad para almacenar más de 90 GWh de energía. De ambos casos hablaremos de nuevo en el capítulo 7, porque son ejemplos admirables.

Figura 21
Sistemas de almacenamiento térmico subterráneo (ATES, BTES y CTES).

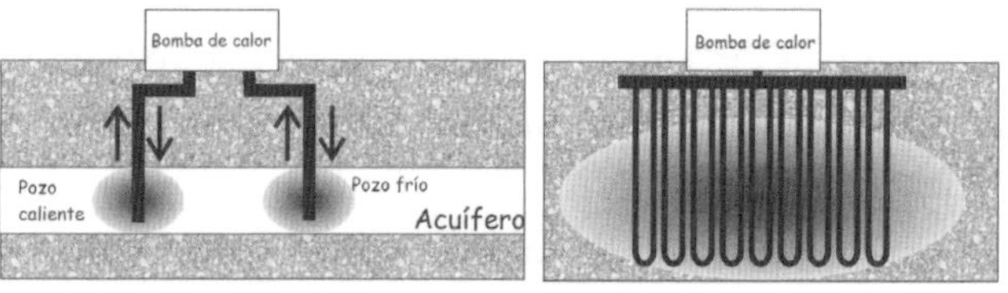

ATES: Aquifer Thermal Energy Storage
Almacenamiento de energía térmica en acuíferos

BTES: Boreholes Thermal Energy Storage
Almacenamiento de energía térmica en el terreno mediante sondeos

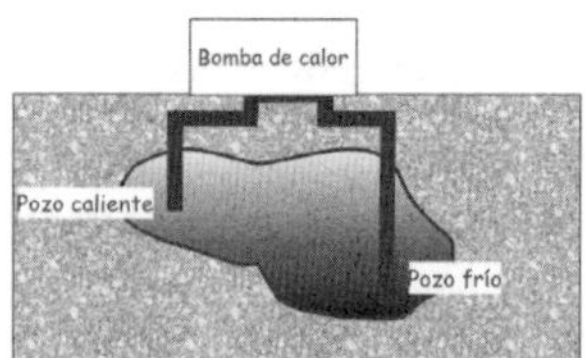

CTES: Caverns Thermal Energy Storage
Almacenamiento de energía térmica en cuevas

Lo más interesante del almacenamiento estacional es que deja de concebirse el subsuelo solo como fuente o sumidero de energía para verlo como una batería capaz de equilibrar los desfases temporales entre oferta y demanda. Estas soluciones no solo mejoran la eficiencia energética: permiten ajustar el suministro térmico a las necesidades reales de cada estación. Y, combinadas con bombas de calor o redes de climatización, abren la puerta a un modelo plenamente renovable, local y estable.

Geotermia en la ingeniería civil y estructuras termoactivas

El subsuelo no solo ofrece energía para viviendas o redes urbanas. También las grandes obras de ingeniería civil pueden beneficiarse de la geotermia, integrando sistemas de intercambio térmico directamente en sus elementos constructivos. Esta sinergia entre estructura y energía permite climatizar todo tipo de edificaciones e infraestructuras a través de sus elementos de cimentación, recuperar calor en túneles o evitar la formación de hielo en pavimentos.

En estas aplicaciones, lo innovador no es la fuente —el calor del subsuelo—, sino su integración en infraestructuras que ya debían construirse por razones estructurales, logísticas o de transporte. Así, el valor añadido es doble: técnico y económico.

FIGURA 22
Aprovechamiento geotérmico en obras públicas y edificación. Siempre que se vaya a construir y poner en contacto hormigón con el terreno, se pueden embutir tubos intercambiadores de energía y aprovecharla para climatizar mediante bomba de calor.

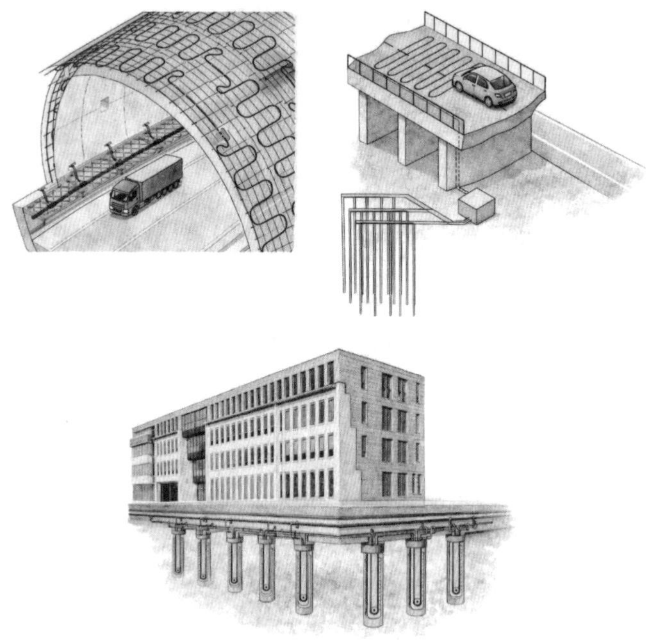

- En Austria y Suiza, desde los años ochenta se instalan pilotes y losas con circuitos hidráulicos que intercambian calor con el terreno. Estas cimentaciones termoactivas combinan función estructural y energética.
- En Suiza, más de 30 túneles que atraviesan los Alpes —como el Lötschberg o el de Furia— drenan agua caliente del subsuelo, utilizada para calefacción.
- En Viena, estaciones de metro como Taborstraße integran intercambiadores geotérmicos en paredes y losas, con potencias térmicas de hasta 81 kW.

- En aeropuertos de EE UU y Japón se usan tubos bajo el pavimento para fundir nieve o evitar hielo sin sal ni productos químicos. El proyecto SERSO en Suiza almacena calor solar en verano para mantener la carretera libre de nieve en invierno.

Estas aplicaciones demuestran que la geotermia no está reñida con la ingeniería urbana. Al contrario: puede integrarse de forma eficiente, invisible y útil en las infraestructuras que ya configuran nuestro entorno.

El subsuelo de las ciudades como fuente de energía

Bajo el asfalto de las ciudades, el terreno se calienta… y no precisamente por el sol. Son las propias infraestructuras urbanas —túneles, redes eléctricas, alcantarillado, líneas y estaciones de metro— las que liberan calor y lo almacenan bajo tierra. Edificios, sótanos, conducciones y pavimentos actúan como radiadores gigantes, elevando la temperatura del subsuelo de forma sostenida.

En muchas ciudades, las mediciones muestran que el terreno y los acuíferos urbanos pueden estar entre 2 °C y más de 7 °C más calientes que en zonas rurales cercanas. En casos extremos, como en Chicago, se han registrado diferencias de hasta 10 °C bajo las infraestructuras respecto a áreas no urbanizadas. El calentamiento progresa en algunas urbes a ritmos que van desde unas décimas hasta más de 2 °C por década. Este exceso térmico no es inofensivo: se han detectado deformaciones del terreno de más de un centímetro y pequeños hundimientos que, a largo plazo, pueden afectar a la estabilidad de edificios, túneles o cimentaciones. Es un fenómeno silencioso que pasa inadvertido, pero ya está presente en la mayoría de las grandes ciudades.

La buena noticia es que este "calor de ciudad" puede dejar de ser un problema para convertirse en una oportunidad. La geotermia urbana propone recuperarlo mediante bombas de calor para calefacción, refrigeración o agua caliente sanitaria. El beneficio es doble: se aprovecha una fuente renovable ya existente y, al mismo tiempo, se contribuye a enfriar el subsuelo, mitigando sus efectos.

El potencial es considerable. En Zúrich se estima que este calor adicional puede aportar entre un 10 y un 25% más energía que en entornos rurales; en Londres podría cubrir hasta la mitad de la demanda térmica de la ciudad. Además, por cada grado extra en el subsuelo, la longitud necesaria de los intercambiadores verticales se reduce en unos 4,5 metros, lo que supone un ahorro de costes en la instalación.

En España, un ejemplo ilustrativo es la asociación público-privada Madrid Subterra, que desde 2014 trabaja para dar a conocer y promover el uso del calor almacenado en las infraestructuras subterráneas de la capital: estaciones y túneles de metro, redes de saneamiento, galerías técnicas… Gracias a su labor, la Ley de cambio climático y transición energética de 2021 recoge explícitamente la posibilidad de utilizar esta energía residual como fuente renovable en el diseño y gestión de edificios.

El Metro de Madrid es un buen ejemplo del potencial que se esconde bajo nuestros pies: solo con el calor generado en túneles, andenes y en las fases de arranque y parada de trenes se podrían recuperar más de 360 000 MWh al año, suficientes para climatizar estaciones, edificios cercanos o incluso barrios enteros.

Las islas de calor subterráneas son, por tanto, un reto y una oportunidad: un efecto colateral de la urbanización que, si se gestiona bien, puede convertirse en una pieza clave de la transición energética urbana. Transformar un problema "invisible" en una fuente de energía limpia, local y constante sería sumar un aliado poderoso en la descarbonización de las ciudades.

Figura 23
Isla de calor subterránea urbana.

Redes de frío y calor: la climatización del futuro

Una de las formas más eficaces de aprovechar el calor de forma colectiva es a través de las redes urbanas de climatización. Su historia es la de cómo hemos aprendido, paso a paso, a usar la energía térmica de manera más eficiente.

En sus comienzos, a finales del siglo XIX, estas redes eran rudimentarias: vapor a altísima temperatura que circulaba por tuberías enterradas, calentando las viviendas de los centros urbanos: es lo que se conoce como redes de primera generación. A menudo se atribuye a Thomas Edison la invención de la primera red de calor, probablemente porque su planta eléctrica de Pearl Street, Nueva York (1882), aprovechaba el calor residual para calentar edificios cercanos. Pero, en realidad, el verdadero pionero fue Birdsill Holly, un ingeniero que en 1877 instaló en Lockport, Nueva York, el primer sistema comercial de calefacción urbana por vapor. Edison fue clave en la cogeneración, pero no en el diseño de la red. Aquellas primeras redes resolvían dos problemas de golpe: calefacción urbana y eliminación de residuos, ya que el vapor se generaba en calderas alimentadas con carbón y basura orgánica. Sin embargo, eran peligrosas, ineficientes y sufrían enormes pérdidas térmicas. Basta recordar esas escenas tan icónicas del cine de Hollywood en las que se ve salir vapor del alcantarillado de Nueva York: no eran decorado, sino una prueba real del calor que se escapaba sin control desde las entrañas de la ciudad.

La segunda generación, ya en los años treinta del siglo XX, trajo consigo una mejora notable: el paso del vapor al agua sobrecalentada circulando a presión. Fue posible gracias al desarrollo de bombas más eficientes, lo que permitió ampliar la escala de las redes y aumentar su seguridad. El agua no solo era más eficiente en la transmisión del calor, sino que simplificaba el mantenimiento y reducía el riesgo de explosiones. La transición tecnológica fue tan profunda que marcó un antes y un después en la forma de concebir la calefacción urbana.

En la década de los setenta llegó la tercera generación; el salto vino de la mano del aislamiento térmico. Por primera vez se empezaron a utilizar tuberías preaisladas enterradas bajo tierra, lo que redujo drásticamente las pérdidas de calor durante la distribución. Al mismo tiempo, las subestaciones compactas con intercambiadores de calor modernos permitieron una distribución más precisa y eficiente. Pero lo más importante fue el cambio de mentalidad: se incorporaron fuentes de energía renovables como la biomasa, la energía solar o incluso el calor residual industrial. También fue la época en que nacieron las primeras redes de refrigeración. La climatización urbana se convertía, por fin, en un concepto más integral.

La cuarta generación bajó aún más las temperaturas. Ya no era necesario calentar el agua hasta la ebullición. Con temperaturas de 50 a 60 °C se lograban sistemas más eficientes en todos los sentidos: menor caudal, menores costes de bombeo, menos pérdidas térmicas. Además, las redes se volvieron bidireccionales: ya no solo suministraban energía, también la recogían. Comercios, industrias o edificios con calor sobrante podían devolverlo a la red. La figura del "prosumidor térmico" —que consume y produce energía— hacía su aparición en escena.

FIGURA 24
Evolución histórica de las redes de calor y frío.

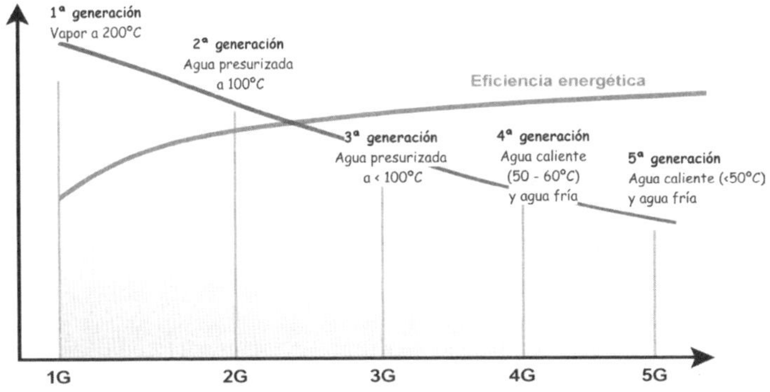

La quinta generación, en pleno desarrollo en 2025, supone un verdadero cambio de paradigma. Estas redes funcionan a temperaturas cercanas a la del subsuelo y permiten intercambios de calor en ambas direcciones. Es decir, pueden proporcionar calefacción y refrigeración al mismo tiempo en distintos edificios. Se alimentan de múltiples fuentes: solar, geotermia, calor residual..., y su gran fortaleza es que integran la bomba de calor como herramienta central, combinándola con sistemas de almacenamiento térmico en el subsuelo. La climatización deja de depender de los combustibles fósiles y pasa a ser eléctrica, renovable y local. Porque el subsuelo no solo sirve como fuente o sumidero de energía térmica, sino también como almacén estacional: guarda el calor del verano para el invierno y el frío del invierno para el verano. Así se resuelve uno de los grandes retos energéticos del siglo XXI: el desfase entre cuándo tenemos la energía y cuándo la necesitamos.

Hoy, aunque muchas redes de quinta generación están aún en fase piloto, Europa ya está dando pasos firmes en esa dirección. Suiza, Alemania, Países Bajos o Dinamarca lideran esta transición. Y España, con un parque urbano en proceso de renovación, tiene por delante una oportunidad extraordinaria. La climatización del futuro será flexible, eficiente y renovable, y el subsuelo, como tantas veces en la historia de la humanidad, jugará un papel esencial.

Geotermia con agua de mina

Las minas abandonadas e inundadas pueden convertirse en un recurso geotérmico muy interesante. Cuando una explotación minera cesa su actividad, las galerías suelen llenarse de agua subterránea que, a cierta profundidad, mantiene una temperatura estable durante todo el año. En muchos casos, además, es necesario bombear esa agua de forma continua por razones de seguridad o control hidráulico.

En lugar de considerar ese bombeo como un simple coste, es posible aprovechar el agua extraída para intercambiar energía mediante bombas de calor. El sistema es sencillo: el agua de mina pasa por intercambiadores térmicos en superficie, donde cede o recibe calor, y después se devuelve al medio. De este modo, una infraestructura industrial en desuso puede transformarse en una fuente renovable para calefacción y refrigeración de edificios.

En España, el proyecto desarrollado por la empresa pública estatal Hunosa en Mieres es un ejemplo de esta posibilidad tecnológica, donde el agua de mina alimenta una red urbana de climatización.

Pero no es un caso aislado. En Gateshead, al noreste del Reino Unido, desde 2023 se aprovecha agua de minas inundadas a unos 150 metros de profundidad y con temperatura estable en torno a 15 °C para alimentar una red urbana de varios megavatios que da servicio a viviendas y edificios públicos.

El ejemplo más emblemático de Europa, sin embargo, está en Heerlen (Países Bajos). Allí, tras el cierre de las minas en los años setenta, las galerías inundadas se transformaron en el corazón de una red urbana de climatización que no solo proporciona calor y frío, sino que también permite almacenar energía e intercambiar excedentes entre usuarios. Hoy, la empresa pública Mijnwater BV gestiona este sistema, convertido en un referente internacional de reutilización energética del patrimonio minero.

Otros países también avanzan en esta línea, como Polonia o China, donde distintas explotaciones inundadas se estudian o utilizan como fuente térmica.

Todos estos proyectos demuestran que el legado minero puede transformarse en una solución geotérmica integrada en el entorno urbano actual, convirtiendo un pasivo industrial en una oportunidad energética. Es un magnífico ejemplo de economía circular aplicado al patrimonio minero.

Desalinizar el mar con el calor de la Tierra

En un mundo donde cada vez más regiones sufren estrés hídrico —por escasez física de agua o por falta de recursos para potabilizarla—, la desalinización se ha convertido en una solución crucial. Pero desalinizar consume mucha energía y hacerlo con combustibles fósiles no hace más que empeorar otros problemas ambientales. Aquí es donde la geotermia puede marcar la diferencia.

La energía geotérmica es especialmente adecuada para alimentar plantas desalinizadoras porque ofrece una fuente continua, local y de bajo coste operativo de calor. Y ese calor puede usarse directamente, sin necesidad de convertirlo primero en electricidad, lo que reduce las pérdidas energéticas. Es especialmente eficaz para tecnologías como la destilación multiefecto (MED), que requieren temperaturas moderadas, típicamente entre 70 y 130 °C. Además, puede integrarse en un sistema en cascada: primero se aprovecha el calor geotérmico para generar electricidad, luego para desalinizar agua y, después, ese mismo calor se puede seguir utilizando en invernaderos, piscifactorías o calefacción de edificios. Esto maximiza el rendimiento energético y reduce los costes.

Ya hay proyectos reales en los que se ha implementado con éxito. En la isla griega de Kímolos, el proyecto europeo THERMIE (1990-1997) utilizó agua geotérmica a unos 62 °C para una planta MED que producía 80 m^3 de agua potable al día. Más tarde, en la vecina Milos, el proyecto europeo MIDES (1999-2005) combinó generación eléctrica y desalinización: con aguas de 85-100 °C, alimentaba en cascada una central ORC (ciclo orgánico de Rankine), una tecnología que permite generar electricidad a partir de fuentes de calor de temperatura moderada, de 470 kWe y una planta MED capaz de producir 75-80 m^3 de agua dulce cada hora, cubriendo la demanda de toda la isla a un coste cercano a 1 €/m^3.

En Argelia, durante los años 2000 se aplicó geotermia a la desalinización de agua salobre para uso agrícola en invernaderos de zonas áridas. Y en Baja California (México), a comienzos de los 2000, se desarrollaron plantas piloto que integraban producción eléctrica geotermoeléctrica y desalinización con recursos de baja temperatura.

La combinación de geotermia y desalinización no solo permite producir agua dulce con menor impacto ambiental, sino que también ofrece independencia energética a regiones costeras o insulares, allí donde el mar es abundante pero el agua potable escasea.

Conviene señalar que, como en cualquier proceso de desalinización, la producción de agua potable genera una salmuera concentrada que debe gestionarse adecuadamente. Su vertido sin control puede tener efectos negativos sobre los ecosistemas marinos, por lo que los proyectos de este tipo requieren soluciones específicas —como la dilución, la descarga controlada o su integración en otros usos industriales— para minimizar su impacto ambiental.

Uso en cascada de la geotermia

Cuando hablamos de aprovechar la energía geotérmica no siempre hace falta utilizarla de golpe y en un solo sitio. Existe una forma muy inteligente de hacerlo: se llama uso en cascada. Consiste básicamente en ir utilizando el agua caliente en distintas aplicaciones según va perdiendo temperatura. Así se exprime al máximo el recurso antes de devolver el agua al subsuelo.

En Bańska Niżna, una pequeña localidad del sur de Polonia, se encuentra uno de los ejemplos más didácticos y eficientes de uso en cascada de la energía geotérmica. Esta planta, gestionada por el Instituto de Investigación de Economía Mineral y Energía (PAS MEERI), fue la primera instalación geotérmica operativa del país, inaugurada en 1993. Desde entonces, no ha dejado de evolucionar hacia un modelo ejemplar de sostenibilidad. ¿Y cómo funciona este sistema? Todo comienza con un pozo geotérmico que extrae agua caliente a unos 85 °C. A partir de ahí, el calor se va aprovechando paso a paso en diferentes instalaciones, según va bajando la temperatura del agua:

- Calefacción de edificios (~80-65 °C): el primer uso es la climatización de viviendas y edificios públicos en el entorno. A estas temperaturas se puede cubrir la demanda de calefacción en climas fríos sin problema.
- Secado de madera (~65-45 °C): una vez usada para calefacción, el agua aún mantiene suficiente calor

para alimentar una cámara de secado de madera, donde se reduce la humedad de los tablones. Este proceso es esencial en la industria maderera local.

- Calentamiento de invernaderos (~45-35 °C): con el calor que aún conserva, el agua pasa a un invernadero de cristal, donde se cultivan plantas que necesitan temperaturas moderadas. Aquí el calor mantiene un ambiente ideal para el crecimiento vegetal incluso en invierno.
- Piscifactoría de peces termófilos (~35-30 °C): a continuación, el agua a unos 35 °C se emplea en una piscifactoría de peces tropicales o de aguas cálidas, como la tilapia. Este uso es especialmente innovador, ya que permite criar especies que normalmente no podrían vivir en el clima polaco.
- Túneles agrícolas con calefacción de suelo (~30 °C): finalmente, cuando el agua ya está a unos 30 °C, se utiliza para calentar el suelo de unos túneles plásticos agrícolas. Aquí se cultivan hortalizas u otras especies vegetales sensibles al frío. Solo después de este último uso, el agua se reinyecta al subsuelo.

Este tipo de sistema demuestra cómo una única fuente geotérmica puede tener cinco aplicaciones consecutivas, multiplicando el beneficio energético y reduciendo el impacto ambiental. Es un ejemplo perfecto de economía circular aplicada al calor.

CAPÍTULO 7

Casos emblemáticos en el mundo

La geotermia no es una promesa lejana ni una tecnología experimental: es una realidad ya en marcha en muchos rincones del planeta. En este capítulo, recorremos los casos más emblemáticos del uso geotérmico a escala mundial. Desde los pioneros que abrieron camino en la generación eléctrica hasta las ciudades que hoy se calientan gracias al calor de la Tierra, pasando por innovaciones que combinan geotermia con almacenamiento estacional o solar. Un viaje global que demuestra cómo esta energía puede adaptarse a distintas geografías, tecnologías y necesidades.

Italia. Larderello: donde nació la electricidad geotérmica

En la región de la Toscana, Larderello fue el primer lugar del mundo en producir electricidad con energía geotérmica. En 1913 se puso en marcha allí una planta piloto que dio origen a un sistema que sigue en funcionamiento más de un siglo después.

Actualmente, Larderello y los campos geotérmicos cercanos cuentan con más de 30 plantas operadas por Enel Green Power. Juntas suman alrededor de 900 MW de potencia instalada y producen en torno a 5000 GWh al año, lo suficiente para abastecer a un millón de hogares.

¿Por qué es un caso emblemático?

- Por su larga trayectoria. Larderello lleva más de 100 años produciendo electricidad con geotermia, lo que demuestra que esta fuente de energía puede mantenerse en el tiempo si se gestiona adecuadamente.
- Por sus características técnicas: el campo es uno de los pocos del mundo con vapor seco natural, lo que permite generar electricidad de forma directa, sin necesidad de separar agua y vapor.
- Por su enfoque en la gestión sostenible, pues desde hace décadas se aplica la reinyección del fluido geotérmico para mantener la presión en el reservorio y evitar su agotamiento.
- Además, Larderello es también un centro de referencia para la divulgación y el conocimiento geotérmico, con un museo, centros de investigación y visitas a las instalaciones. Es un buen ejemplo de cómo una tecnología renovable puede mantenerse activa durante generaciones si se planifica bien su uso.

Nueva Zelanda. Wairakei: el laboratorio geotérmico más longevo del mundo

Mientras Larderello fue la primera explotación en un campo geotérmico de vapor seco, Wairakei marcó el inicio del aprovechamiento de reservorios de vapor húmedo (mezcla de agua y vapor) para generar electricidad de forma comercial. Inaugurada en 1958, marcó un hito: hasta entonces, solo se habían explotado campos de vapor seco como el de Larderello. Situado en la isla norte de Nueva Zelanda, el sistema de Wairakei es un reservorio dominado por agua líquida, con temperaturas de hasta 260 °C y gran permeabilidad, lo que lo convertía en un candidato ideal para este nuevo tipo de aprovechamiento.

A lo largo de más de seis décadas, Wairakei se ha consolidado como uno de los mayores "laboratorios naturales" del mundo para estudiar el comportamiento de los sistemas geotérmicos. Su historia nos enseña mucho sobre lo que puede ocurrir cuando se extrae calor de forma intensiva del subsuelo... y sobre cómo se puede corregir el rumbo.

Sin lugar a duda, es un caso emblemático por su pionerismo técnico y científico. Wairakei demostró por primera vez que era posible explotar un sistema líquido-dominante para producir electricidad a gran escala. Allí se ensayaron muchas de las técnicas que hoy son rutina en la industria geotérmica: la instrumentación de pozos, la medición de caudales bifásicos, los ensayos de trazadores y la gestión de reservorios a largo plazo. Algunas de las herramientas desarrolladas en los años cincuenta y sesenta se siguieron utilizando durante décadas.

¿Por qué es un caso emblemático?

- Por su impacto ambiental y las lecciones aprendidas. Durante sus primeras décadas, todo el fluido extraído se vertía directamente al río Waikato sin ningún tipo de tratamiento ni reinyección. Esto provocó fenómenos como subsidencia del terreno, desaparición de manantiales termales, colapso de géiseres y alteración de ecosistemas. Gracias al seguimiento continuado del campo con más de 200 pozos y múltiples estudios científicos, Wairakei se convirtió en uno de los primeros casos documentados de cómo responde un reservorio al estrés de explotación y cómo puede estabilizarse mediante reinyección controlada.
- Por su modelo de gestión adaptativa y su longevidad. Wairakei sigue en funcionamiento más de 65 años después de su puesta en marcha. Ha sabido adaptarse al paso del tiempo incorporando nuevas plantas como Poihipi o Te Mihi, que aprovechan diferentes zonas del sistema. Hoy genera más de 200 MW combinando tecnologías diversas, incluyendo ciclos binarios que permiten aprovechar incluso aguas menos calientes. Se han perforado pozos más profundos para captar fluidos más calientes y se ha diversificado la reinyección para minimizar el enfriamiento del reservorio. Su ejemplo demuestra que, con una gestión adecuada, un sistema geotérmico puede ser sostenible a muy largo plazo.

Estados Unidos. The Geysers: el campo geotérmico de vapor seco más grande del mundo

Al norte de California, a poco más de 100 kilómetros de San Francisco, se extiende The Geysers, el mayor campo geotérmico de vapor seco del mundo. Su historia geológica comenzó hace casi un millón de años, cuando una pluma de magma ascendió hasta situarse cerca de la superficie terrestre. El calor transformó las rocas suprayacentes, endureciéndolas y generando fracturas por las que pudo circular el agua. Durante cientos de miles de años, el sistema evolucionó desde un reservorio de agua caliente hasta una acumulación de vapor seco, lista para ser aprovechada.

El nombre The Geysers es algo engañoso —no hay géiseres activos como en Yellowstone—, pero se popularizó en el siglo XIX, cuando los colonos redescubrieron la zona y la convirtieron en destino turístico. Sin embargo, su verdadero potencial no se aprovechó plenamente hasta 1960, cuando entró en funcionamiento la primera central geotérmica comercial.

Desde entonces, The Geysers ha sido el buque insignia de la geotermia eléctrica a nivel mundial. En sus mejores momentos superó los 2000 MW de potencia instalada —el equivalente a varias centrales nucleares pequeñas— y hoy sigue produciendo unos 1500 MW, abasteciendo a cientos de miles de hogares. A diferencia de otros yacimientos, donde se necesita separar el agua del vapor, en The Geysers el fluido sale del subsuelo directamente como vapor seco, lo que simplifica su uso industrial y mejora la eficiencia.

Sin embargo, su desarrollo no ha estado exento de dificultades. En las décadas de 1970 y 1980, el ritmo de explotación fue tan intenso que el vapor se extraía más rápido de lo que el sistema podía reponer. Esto provocó una caída progresiva de presión y una preocupante disminución de la producción. En 1989, el declive era tan acusado que muchos temieron por el futuro del campo.

La respuesta fue tan innovadora como efectiva: a partir de 1997, se pusieron en marcha dos proyectos pioneros de reinyección artificial de agua al subsuelo. El primero, el Southeast Geysers Effluent Pipeline (SEGEP), transporta aguas residuales tratadas desde el condado de Lake. El segundo, inaugurado en 2003, es el ambicioso Santa Rosa Geysers Recharge Project (SRGRP), que aporta aguas recicladas de la ciudad de Santa Rosa. Entre ambos, inyectan diariamente más de 75 000 m^3 en el reservorio. El calor de las rocas convierte rápidamente esa agua en vapor, restaurando la presión y asegurando la producción a largo plazo.

Como en cualquier aprovechamiento del subsuelo, la explotación geotérmica de The Geysers no ha estado exenta de efectos no deseados. En este campo se ha observado sismicidad inducida asociada a las operaciones de reinyección de agua, un fenómeno bien conocido y objeto de seguimiento continuo. La experiencia ha puesto de manifiesto la importancia de trabajar de forma transparente con las comunidades locales, escuchar sus preocupaciones y aplicar medidas de gestión del riesgo. Al mismo tiempo, The Geysers ha sido un laboratorio natural clave para avanzar en la comprensión, previsión y control de la sismicidad inducida, contribuyendo a mejorar la seguridad de los proyectos geotérmicos actuales y futuros.

Hoy, The Geysers sigue siendo un referente mundial. Ha demostrado que un proyecto geotérmico puede escalar a gran tamaño, operar durante décadas y adaptarse tecnológicamente a los retos que aparecen con el tiempo.

Islandia. Cuando la geotermia forma parte de la identidad nacional

En ningún otro país del mundo la geotermia está tan profundamente integrada en la vida cotidiana como en Islandia. Más que una fuente de energía, el calor de la Tierra forma parte de su cultura, su historia y su modo de vida.

Ya los primeros pobladores del país se instalaron en zonas termales. El nombre de su capital, Reikiavik, significa 'bahía humeante', en referencia al vapor visible que emergía del suelo. Muchas localidades del país reflejan en su topónimo esta relación ancestral: *laug* (baño caliente), *hver* (manantial en ebullición), *reykja* (humo). La conexión es tan antigua que las sagas medievales recogen escenas de baños termales utilizados con fines curativos o románticos. En el año 1000, cuando Islandia adoptó el cristianismo, sus habitantes aceptaron ser bautizados, pero no en aguas heladas, sino en las cálidas piscinas naturales de Laugarvatn. Desde entonces, el aprecio por el agua caliente ha sido una constante nacional.

Durante siglos, las aguas termales se usaron para lavar, bañarse, cocinar, secar alimentos o curtir pieles. Pero la verdadera revolución llegó en el siglo XX. En 1907 se realizaron los primeros usos técnicos del calor subterráneo y en 1908 un agricultor islandés canalizó agua caliente para calentar su casa. En 1930 se puso en marcha en Reikiavik el primer sistema de calefacción urbana geotérmica, que pronto se extendió a todo el país.

El impulso definitivo llegó con la crisis del petróleo de los años setenta. Con los precios del crudo por las nubes, Islandia apostó por su recurso más abundante y local: la geotermia. Desde entonces, las inversiones no han cesado.

Hoy, el 90% de las viviendas islandesas se calientan con agua geotérmica y muchas aceras y calles cuentan con sistemas de calefacción bajo el pavimento para derretir nieve y hielo en invierno.

Pero la geotermia islandesa no se limita a la calefacción. Desde 1969, el país también genera electricidad con vapor geotérmico, y actualmente alrededor del 30% de su electricidad proviene de este recurso, y el resto de las fuentes hidroeléctricas. Se utilizan distintas tecnologías: plantas de vapor seco, de vapor flash y de ciclo binario. Islandia ha logrado así una matriz eléctrica prácticamente 100% renovable.

Además, Islandia ha desarrollado un modelo ejemplar de aprovechamiento en cascada. El calor residual de las centrales se utiliza para calentar invernaderos, pasteurizar productos lácteos, criar peces, secar algas o calentar piscinas públicas. Instalaciones como las de la famosa Laguna Azul —alimentada por aguas geotérmicas del campo de Svartsengi— muestran cómo el calor de la Tierra puede ser también un atractivo turístico.

El país cuenta actualmente (2025) con varias centrales emblemáticas:

- Hellisheiði (303 MW) y Nesjavellir (120 MW), cerca de Reikiavik.
- Reykjanes (100 MW), Þeistareykir (90 MW) y Svartsengi (75 MW).
- La histórica Krafla (60 MW) y la pequeña Bjarnarflag (3 MW), la primera de todas.

Y no se detiene ahí. Islandia participa en el ambicioso proyecto IDDP (Iceland Deep Drilling Project), que busca perforar hasta zonas "supercríticas", donde el agua supera los 374 °C y puede producir hasta diez veces más energía que un pozo convencional. Si tiene éxito, esta tecnología podría cambiar el futuro de la geotermia en todo el mundo.

Además, ha sabido convertir su liderazgo técnico en un activo estratégico. Desde 2009, el IGCI (Iceland Geothermal Cluster Initiative) impulsa la colaboración entre empresas, universidades y administraciones, promueve buenas prácticas, forma especialistas y apoya proyectos internacionales en países de todo el mundo.

Islandia ha convertido un recurso local en una palanca de desarrollo sostenible.

Kenia. Geotermia del Rift para el desarrollo de África

A los pies del Gran Valle del Rift, donde las placas tectónicas separan lentamente el continente africano, Kenia ha encontrado en el calor del subsuelo una fuente estratégica para su futuro. En esta región volcánica, el calor del interior de la Tierra se manifiesta con una fuerza espectacular, y el país ha sabido aprovecharlo como pocos en el mundo.

El principal referente de esta transformación es Olkaria, un complejo de plantas geotérmicas situado dentro del Parque Nacional Hell's Gate, al oeste del país. Allí, entre cebras, gacelas, jirafas y columnas de vapor que emergen del suelo, Kenya Electricity Generating Company (KenGen) ha desarrollado una de las infraestructuras geotérmicas más avanzadas del planeta.

La idea de aprovechar el vapor del subsuelo en Olkaria se remonta a los años cincuenta, cuando se perforaron los primeros pozos de prueba. Pero fue en 1981 cuando se inauguró la primera planta geotérmica de África: Olkaria I, con una capacidad inicial de 15 MW. El impulso definitivo llegó en los años setenta, tras la crisis del petróleo y varias sequías que pusieron en jaque la producción hidroeléctrica. En 1977, con apoyo de Naciones Unidas, el gobierno relanzó su apuesta por la geotermia. Y en 1982, la aprobación de la Ley de recursos geotérmicos dio al sector un marco legal estable y propició nuevas inversiones.

Desde entonces, el crecimiento ha sido sostenido. En apenas dos décadas, Kenia ha pasado de depender de combustibles fósiles importados a obtener casi el 40% de su electricidad del vapor geotérmico, una de las proporciones más altas del mundo. En 2022, la potencia instalada superó los 880 MW, y con nuevos proyectos como Olkaria VI se espera alcanzar 1600 MW para 2030. En paralelo, la estabilidad que aporta esta fuente renovable ha mejorado el funcionamiento de la red eléctrica, reduciendo cortes y alteraciones en el suministro.

Pero más allá de la energía, la geotermia ha traído empleo técnico, innovación local y desarrollo rural. En sus inicios, el sector dependía de consultores internacionales. Hoy, ingenieros y técnicos kenianos lideran todas las fases del proceso, desde la exploración hasta la operación de las plantas. Centros como el Geothermal Training and Research Institute han permitido consolidar un capital humano propio, y Kenia se ha convertido en un referente africano en formación y transferencia de conocimiento.

Además, la geotermia se ha integrado en la economía real del país. No solo genera electricidad, también calienta invernaderos, seca flores o pasteuriza alimentos, como en el caso de la empresa Oserian, una de las mayores productoras de flores del mundo. Esta versatilidad la convierte en una pieza clave para los planes de industrialización recogidos en la estrategia nacional Kenia Visión 2030.

El desarrollo geotérmico no ha estado exento de tensiones. La expansión de Olkaria ha afectado a comunidades masái que habitaban tradicionalmente la zona. Aunque se han puesto en marcha programas de compensación, empleo y diálogo con las comunidades, el equilibrio entre progreso energético y justicia social sigue siendo un reto importante.

Aun así, Kenia demuestra que la geotermia no es solo una opción para países ricos o con tradición tecnológica; también puede ser una herramienta poderosa de transformación en contextos de crecimiento.

Turquía. Cómo hacerse un líder geotérmico en dos décadas

Durante décadas, Turquía fue un país con gran potencial geotérmico... desaprovechado. Aunque los primeros pozos se perforaron en los años sesenta y en 1984 se inauguró la primera planta comercial en Kızıldere, durante más de 20 años el desarrollo fue lento, hasta que, a partir de 2007, todo cambió. En menos de dos décadas, el país pasó de tener una capacidad instalada de apenas 30 MW a superar los 1650 MW, convirtiéndose en el cuarto país del mundo en potencia geotérmica instalada y en el segundo en número de plantas.

Este crecimiento vertiginoso fue posible gracias a una combinación de condiciones geológicas favorables y una política pública decidida. La zona occidental del país, especialmente en grandes depresiones tectónicas como las de Büyük Menderes, Gediz y Simav —fracturas profundas donde la corteza terrestre se ha estirado y hundido—, se encuentra en un contexto geológicamente activo que facilita el ascenso de aguas calientes (de hasta 240 °C) desde gran profundidad.

El impulso definitivo llegó con la Ley de energías renovables (2005), la Ley de geotermia (2007) y un sistema de tarifas reguladas (*feed-in tariffs*) que garantizaba precios de venta atractivos para los primeros años de operación. Además, se premiaba el uso de componentes fabricados en Turquía. Estas medidas atrajeron inversión privada masiva, permitiendo incorporar una media de 150 MW nuevos por año entre 2010 y 2020.

Las plantas más modernas, como Kızıldere II y III, combinan tecnologías flash y binarias en configuraciones altamente eficientes. Algunas incluyen sistemas triple flash-binario, poco comunes en el mundo, que permiten aprovechar el calor incluso con altos contenidos de CO2. Además de generar electricidad, muchas instalaciones alimentan invernaderos, secaderos agrícolas, industrias locales y balnearios termales, integrando el recurso en la economía del territorio.

Con las zonas más accesibles ya explotadas, el futuro de la geotermia turca pasa por explorar recursos más profundos o menos convencionales, y por desarrollar soluciones híbridas, como plantas solar-geotérmicas o sistemas cerrados con cero emisiones. Turquía ha demostrado que, con una estrategia coherente, un marco legal claro y voluntad política, un país sin tradición geotérmica puede convertirse en potencia global en menos de una generación.

Francia. París: calor subterráneo en la ciudad de la luz

Bajo los bulevares, avenidas y estaciones del metro de París fluye algo más que historia: una red invisible de calor geotérmico que abastece a cientos de miles de viviendas. Desde 1969, cuando se perforó el primer pozo en la región Île-de-France, situada a 40 km al suroeste de París, a orillas del río Sena, se ha sabido aprovechar el calor del subsuelo para crear una de las redes de calefacción urbana más extensas y maduras de Europa.

El recurso principal es el acuífero del Dogger, una capa de calizas formada hace unos 170 millones de años, en el Jurásico medio, situada entre 1500 y 2000 metros de profundidad. Sus aguas, naturalmente calientes (entre 60 y 80 °C) y cargadas de sales minerales, se extraen mediante sistemas de doble pozo —uno de captación y otro de reinyección— y alimentan más de 50 redes de calefacción. Tras ceder su calor en intercambiadores, el agua se devuelve al subsuelo, donde vuelve a calentarse, cerrando así un ciclo sostenible y sin emisiones.

El auge de esta tecnología vino impulsado por las crisis energéticas de los años setenta. Francia apostó por reducir su dependencia del petróleo mediante subsidios públicos, seguros ante riesgos geológicos y tarifas reguladas, lo que favoreció el desarrollo de esta infraestructura en zonas urbanas densamente pobladas. Hoy, más de 250 000 viviendas y numerosos hospitales, escuelas o instalaciones deportivas reciben calor renovable de este sistema. Incluso el aeropuerto de Orly, situado a unos 13 km al sur de París, está conectado a esta red subterránea.

Hoy, París no solo mantiene activa esta red, sino que explora nuevas profundidades. Se están perforando acuíferos aún más hondos, como el Triásico (en torno a 250 m.a.), a más de 2100 metros de profundidad, donde las aguas alcanzan temperaturas de hasta 90 °C. Este avance permitiría extender la geotermia a zonas del oeste de la región, menos favorecidas por el Dogger, y seguir reduciendo las emisiones urbanas.

París es uno de los mejores ejemplos que demuestra que la geotermia no es solo para entornos volcánicos o rurales, sino una solución perfectamente compatible con las grandes ciudades.

Alemania. Múnich: una ciudad que calienta con futuro

En el corazón de Baviera, Múnich se ha propuesto un objetivo ambicioso: descarbonizar por completo su sistema de calefacción urbana antes de 2040. Para lograrlo, ha situado la geotermia profunda en el centro de su estrategia energética. Bajo sus calles se extiende el acuífero del Malm, una formación calcárea que se formó hace entre 145 y 163 millones de años, en el Jurásico superior, y que presenta excelentes propiedades térmicas: gran porosidad, baja salinidad y temperaturas que superan los 100 °C, llegando incluso a 150 °C en el sur de la ciudad.

Desde los primeros proyectos en los años 2000, la empresa municipal Stadtwerke München (SWM) ha impulsado una red de calefacción que hoy supera los 900 kilómetros y abastece a miles de hogares, edificios públicos y empresas. Plantas como las de Riem, Freiham o Sauerlach suministran calor renovable a distritos enteros. Riem, por ejemplo, extrae agua a 94 °C desde 3000 metros de profundidad para calentar una zona residencial y ferial de nueva construcción.

Pero lo más notable no es solo lo que ya funciona, sino lo que está por venir. SWM ha diseñado una hoja de ruta clara con nuevas perforaciones, plantas y conexiones para ampliar la red y sustituir progresivamente el gas por geotermia. El compromiso es técnico, político y ciudadano: las autoridades locales, las empresas energéticas y la población comparten una visión común basada en la eficiencia, la sostenibilidad y la autosuficiencia térmica.

Además de calentar, Múnich también apuesta por refrescarse con geotermia. En barrios como Sendling o Ramersdorf se han desplegado redes de refrigeración urbana que aprovechan acuíferos someros y bombas de absorción para climatizar oficinas y comercios sin necesidad de aires acondicionados individuales, mejorando el confort urbano y reduciendo el consumo eléctrico y el calor residual.

Para afrontar esta transformación, Múnich ha invertido en tecnología y conocimiento: desde una de las campañas sísmicas 3D más grandes realizadas en una ciudad hasta alianzas con universidades y centros de investigación para garantizar una explotación sostenible del recurso.

Transformar una red de vapor a partir de combustibles fósiles en un sistema geotérmico de baja temperatura no es tarea fácil. Implica renovar tuberías, adaptar infraestructuras y perforar decenas de nuevos pozos en un entorno urbano consolidado. Pero los avances son palpables.

Y si todo va según lo previsto, Múnich podría convertirse en la primera gran ciudad europea que se calienta y se enfría exclusivamente con energía geotérmica.

Finlandia. Vantaa: la pila térmica más grande del mundo

Como ya apuntábamos en el capítulo 6, a pocos kilómetros de Helsinki, la ciudad de Vantaa está construyendo una de las infraestructuras térmicas más innovadoras del planeta: Varanto, el mayor sistema de almacenamiento estacional de energía térmica del mundo. El proyecto consiste en excavar tres enormes cavernas a más de 100 metros de profundidad, con una capacidad conjunta de 1,1 millones de metros cúbicos. Estas cavidades se llenarán de agua caliente a presión, capaz de alcanzar hasta 140 °C sin hervir, gracias al confinamiento subterráneo.

El objetivo es almacenar durante el verano el calor procedente de electricidad renovable, residuos industriales e, incluso, geotermia profunda, para liberarlo durante los duros meses invernales a través de la red de calefacción urbana. Cuando entre en funcionamiento en 2028, Varanto tendrá una capacidad térmica de 90 GWh, suficiente para calentar durante un año una ciudad finlandesa de tamaño medio.

Este sistema se conectará a la red de calefacción urbana de Vantaa, que ya abastece al 90% de sus habitantes a través de más de 600 kilómetros de tuberías. En Finlandia, donde la calefacción urbana es la forma más común de climatización, Varanto marcará un antes y un después: será la primera gran infraestructura capaz de guardar el calor de una estación para otra a gran escala.

Además, Varanto es clave en la transformación del sistema energético local hacia un modelo híbrido, flexible e inteligente. Dos calderas eléctricas de 60 MW producirán calor cuando haya excedentes renovables, y un sistema de control decidirá en tiempo real cuál es la fuente más eficiente según las condiciones del momento. Como dicen sus responsables, funcionará "como un coche híbrido", alternando entre electricidad, residuos y otras fuentes de energía según convenga.

Con una inversión de 200 millones de euros, respaldada parcialmente por el gobierno finlandés, este proyecto demuestra que el almacenamiento térmico a gran escala es una herramienta decisiva en la transición energética. Vantaa está repensando la energía térmica no solo como algo que se produce y se consume, sino también como algo que puede planificarse, guardarse y compartirse.

Canadá. Drake Landing: almacenar el sol bajo tierra

Ya lo mencionamos en el capítulo 6, pero merece la pena describirlo con más detalle: a las afueras de Calgary, en la localidad de Okotoks (Alberta), una pequeña comunidad residencial, ha demostrado que es posible vivir sin combustibles fósiles incluso en un clima tan extremo como el canadiense. Se trata de Drake Landing Solar Community, un barrio de 52 viviendas unifamiliares que, desde 2007, se calienta casi exclusivamente con energía solar almacenada bajo tierra.

Cada vivienda fue construida con una eficiencia energética un 30% superior a la convencional. En verano, 800 paneles solares térmicos instalados sobre cocheras comunales captan el calor del sol, que se transfiere a un sistema subterráneo formado por 144 sondeos verticales de unos 35 metros de profundidad. Este banco geotérmico funciona como una gran batería natural: almacena la energía durante meses y, cuando llega el invierno, ese calor estacional se recupera progresivamente y se distribuye a las viviendas mediante una red de calefacción centralizada. Es el mejor ejemplo de lo bien que funciona el binomio energía solar-geotermia en zonas de baja densidad de población.

El sistema, desarrollado con apoyo del Ministerio de Recursos Naturales de Canadá (NRCan), alcanzó en pocos años una cobertura renovable superior al 90%, llegando incluso al 100% en varios inviernos, sin necesidad de apoyo de combustibles fósiles. Todo el proceso puede seguirse en tiempo real a través de una web interactiva que permite monitorizar la eficiencia y el funcionamiento del sistema.

Drake Landing fue concebido como un proyecto piloto, pero su impacto ha traspasado fronteras. Ha servido de referencia para desarrollos similares en Alemania, Suecia y los Países Bajos, y ha consolidado la viabilidad del almacenamiento térmico estacional a escala comunitaria. Su diseño combina soluciones conocidas —paneles solares, geotermia somera, aislamiento eficiente— con una visión de conjunto que las integra de forma ejemplar.

Hoy, esta comunidad solar-geotérmica sigue siendo una inspiración global: demuestra que con planificación urbana inteligente, cooperación institucional y tecnología disponible es posible construir barrios enteros donde el calor del verano se guarda en el subsuelo para calentar el invierno.

Estos diez casos muestran que no hay una única forma de aprovechar el calor de la Tierra. En cada rincón del planeta, la geotermia se adapta al contexto geológico, climático y social, ofreciendo soluciones diversas, sostenibles y replicables.

CAPÍTULO 8

¿Y en España?

En España, el interés por la geotermia se despertó a principios de los años setenta, en plena crisis energética mundial. En 1973, los países productores agrupados en la OPEP (Organización de Países Exportadores de Petróleo) recortaron drásticamente el suministro y multiplicaron su precio en pocos meses. El petróleo, hasta entonces abundante y barato, dejó de fluir, y el sistema económico global —dependiente de él— se tambaleó.

España, que importaba casi todo el petróleo que consumía, sintió el impacto de inmediato: subida de precios de los combustibles, inflación descontrolada y una clara evidencia de su vulnerabilidad energética. Aquella crisis desencadenó una búsqueda intensiva de recursos propios y de alternativas para diversificar el mix energético. Se investigaron yacimientos de petróleo, gas, carbón, uranio..., y también de calor.

Se perforaron sondeos en las zonas con mayor potencial, se cartografiaron grandes áreas y se aplicaron técnicas geofísicas y geoquímicas de todo tipo. El Instituto

Geológico y Minero de España (IGME) desempeñó un papel central en esta tarea: sus equipos recorrieron el país, tomaron muestras, midieron temperaturas, analizaron rocas y aguas, y redactaron informes que hoy forman un archivo único. Aunque muchos proyectos no encontraron los hidrocarburos esperados, dejaron un legado de gran valor: un extenso conocimiento de la geología profunda y de las características térmicas del subsuelo que, aun sin alcanzar directamente temperaturas explotables en la mayoría de los casos, permitió identificar el gradiente geotérmico y señalar áreas con potencial geotérmico.

Ese legado es el punto de partida para saber dónde está el calor que podemos aprovechar.

Recursos de alta temperatura

En España, la geotermia de alta temperatura se ha investigado en distintos contextos geológicos, aunque es en las islas Canarias donde las condiciones son más claras y favorables para la geotermia de alta temperatura. En Tenerife, Gran Canaria y La Palma, con gradientes térmicos entre 60 y 150 °C/km en áreas de interés geotérmico y temperaturas previstas de 150-200 °C a 2 km de profundidad, los estudios confirman que sería posible producir electricidad, aunque todavía no se ha construido ninguna planta. Actualmente se están llevando a cabo proyectos de ejecución de sondeos de exploración profundos en estas islas. Esperamos tener buenas noticias este año 2026.

Además de Canarias, en la península el calor profundo aparece en contextos geológicos muy distintos y se han identificado indicios de interés para la geotermia de alta temperatura en diversas zonas del territorio español como la Garrotxa (Girona), Campo de Calatrava (Ciudad Real), el entorno de Cofrentes (Comunidad Valenciana), Llucmajor-Campos (Mallorca) o áreas del litoral mediterráneo como Almería. En algunos casos se han registrado temperaturas interesantes a profundidades accesibles; por ejemplo, en la cuenca del Guadalquivir y en el subbético se han perforado pozos que han alcanzado hasta 170 °C, lo que constituye un claro indicio de sistemas geotérmicos aún sin explotar.

Recursos de baja y muy baja temperatura

Más allá de la generación eléctrica, el gran filón geotérmico español está en el calor de baja y muy baja temperatura: ese calor estable que puede mover bombas de calor, calentar invernaderos, secar productos agrícolas o alimentar redes urbanas de calefacción. Se trata, además, del recurso con mayor potencial de despliegue a corto y medio plazo.

Lo encontramos, por ejemplo, en las cuencas sedimentarias profundas del Ebro, Duero, Tajo, Guadiana o Guadalquivir, donde a más de 1000 metros de profundidad el agua circula a temperaturas muy interesantes para usos directos.

También en regiones donde la corteza terrestre se extiende y adelgaza —lo que en geología se denomina tectónica extensional— y el calor del manto asciende con más facilidad. Cataluña, Valencia, Murcia, Mallorca o Almería son buenos ejemplos. Por ejemplo, en Mula (Murcia) se han medido 49 °C a menos de 700 metros, lo que es un indicio geotérmico muy prometedor.

Incluso en zonas graníticas, como Galicia, donde el calor interno del subsuelo, en parte asociado a la desintegración natural de ciertos elementos, deja un regalo en forma de aguas termales. Ourense y Tuy (Pontevedra), por ejemplo, llevan siglos aprovechándolo.

Un buen ejemplo del uso directo de este recurso son los hoteles-balneario repartidos por el país. En España ya existen varios que han optado por la energía geotérmica como fuente principal o complementaria, como el Hotel Balneario de Arnedillo (La Rioja), el Hotel Montbrió del Camp (Tarragona) o el Balneario de Archena (Murcia). En estos casos, las aguas de entre 50 y 90 °C permiten obtener directamente calefacción y agua caliente sanitaria para todas sus instalaciones, con un consumo energético y unas emisiones muy reducidas.

Pero no es necesario estar sobre un gran reservorio termal. La bomba de calor permite intercambiar energía con el terreno o con cualquier presencia de agua superficial o subterránea, haciendo posible la climatización (calefacción y refrigeración) y el suministro de agua caliente sanitaria, tanto en viviendas como en hoteles o redes de distribución urbana. Esto amplía enormemente el ámbito geográfico de la geotermia en España.

Zaragoza: un ejemplo de gestión urbana de la geotermia

Entre los casos paradigmáticos de geotermia urbana de muy baja temperatura en Europa, Zaragoza ocupa un lugar especial. Bajo la ciudad se extiende un acuífero ligado al río Ebro que desde hace años se aprovecha para climatizar edificios mediante bombas de calor: universidades, hospitales, centros comerciales, oficinas y viviendas. Existen decenas de instalaciones en pleno casco urbano que funcionan gracias a la geotermia. Lo que convierte a Zaragoza en un referente no es solo la magnitud del aprovechamiento, sino la forma en que se ha gestionado colectivamente. Desde el inicio, la Confederación Hidrográfica del Ebro, el ayuntamiento y el IGME-CSIC apostaron por un modelo basado en el conocimiento científico y la coordinación institucional. Gracias a ello, se desplegó una red de control piezométrico y térmico para medir la profundidad y temperatura a la que se encuentra el agua, se desarrollaron modelos hidrogeológicos para simular el flujo y la transmisión de calor, y se establecieron normas claras para autorizar captaciones y vertidos térmicos y evitar la "contaminación térmica", es decir, un aumento de la temperatura del acuífero por encima de un valor que podría ser perjudicial para el sistema.

Es decir, Zaragoza ha dado un paso más al integrar la gestión de la calidad del agua en este esquema, no solo desde el punto de vista físico e hidroquímico, sino también térmico y microbiológico. Esa visión integral garantiza que el aprovechamiento geotérmico no comprometa ni la sostenibilidad del acuífero ni la salud pública, y convierte al municipio en un ejemplo pionero de gobernanza urbana del subsuelo.

El valor de esta experiencia ha trascendido las fronteras nacionales. Zaragoza es ciudad piloto en proyectos nacionales y europeos que buscan precisamente desarrollar marcos para la gestión sostenible y segura de la geotermia de muy baja temperatura en entornos urbanos. La capital aragonesa demuestra que es posible aprovechar el calor del subsuelo a gran escala en una ciudad sin poner en riesgo el medioambiente, siempre que se combine ciencia, políticas públicas adecuadas y planificación a largo plazo.

En resumen: lejos de ser una tecnología experimental o marginal, la geotermia de baja temperatura está ya implantada en numerosos edificios y usos a lo largo del territorio español. Se emplea, por ejemplo, en hospitales como el de Sant Pau en Barcelona, en hoteles y complejos turísticos de Mallorca, en equipamientos públicos, oficinas y, cada vez más, en viviendas de nueva construcción y rehabilitación. Además, continúan desarrollándose nuevos proyectos en centros de investigación y edificios institucionales, lo que confirma que la geotermia forma parte de las soluciones reales y disponibles para la climatización eficiente y descarbonizada en España.

Esta implantación no es fruto de la casualidad. España no parte de cero: en algunos lugares, el recurso geotérmico está identificado y caracterizado y, en otros, se sigue investigando para aprovecharlo mejor. A ello se suma que las distintas tecnologías de aprovechamiento geotérmico han alcanzado un grado de madurez suficiente, lo que nos permite contar hoy con la experiencia y las herramientas necesarias para su despliegue a mayor escala.

Geotermia con agua de mina: para sentirnos orgullosos

Las minas abandonadas e inundadas ofrecen hoy un recurso geotérmico valioso: estable, eficiente y regenerador. En España, el caso pionero de Mieres (Asturias) es especialmente paradigmático. El Pozo Barredo, una mina de carbón cerrada en 1994 e inundada en 1997, requiere un bombeo continuo para mantener el nivel freático en cotas seguras. Durante años, ese bombeo "eterno" supuso un coste considerable; sin embargo, el agua de mina presenta allí una calidad excelente, sin problemas de acidez ni contaminación significativa por metales, lo que permite su vertido al río sin perjuicio para el ecosistema.

Esta circunstancia fue clave para transformar una obligación técnica en una oportunidad energética limpia y sostenible. La empresa pública estatal Hunosa (Hulleras del Norte S.A.) decidió aprovechar esa agua bombeada para intercambiar energía mediante bombas de calor y alimentar una red de climatización urbana. Así, un pasivo minero se convirtió en un activo energético, demostrando cómo el legado industrial puede integrarse en la transición hacia fuentes renovables. La red de distribución ha ido evolucionando con los años:

- En 2011 se puso en marcha un piloto geotérmico que abastecía calefacción —y en parte refrigeración— al campus universitario (edificio de investigación y residencia de estudiantes).
- Entre 2014 y 2016 se amplió el servicio al Hospital Álvarez Buylla y a la sede de la Fundación Asturiana de la Energía. Esta primera fase ya incluía calefacción y frío en algunos edificios.
- En una segunda fase se integraron 248 viviendas del área de Vasco Mayacina, el Instituto Bernaldo de Quirós y otros edificios públicos. Desde entonces, el sistema proporciona calefacción y refrigeración de forma completa, alcanzando una potencia térmica cercana a 6,7 MWt (calor) y 3,6 MWt (frío).

- En 2019, el proyecto recibió el prestigioso Global District Energy Climate Award, como uno de los seis modelos más innovadores del mundo en su categoría.

Hoy en día es la red geotérmica más grande de España.

Este caso destaca tanto por su valor técnico como simbólico. El Pozo Barredo simboliza una transformación energética ejemplar: de una mina de carbón cerrada a la mayor red geotérmica de España, y de una infraestructura industrial obsoleta a un modelo de economía circular y reutilización inteligente. Hunosa ha sabido transformar un reto industrial en una oportunidad con gran futuro, sustituyendo emisiones contaminantes por una energía limpia y socialmente útil.

CAPÍTULO 9

Barreras y retos específicos en España

A estas alturas del libro, es posible que surja una pregunta inevitable: ¿si la geotermia tiene tantas ventajas, por qué no se utiliza más en España?

La duda es legítima. Contamos con recursos —algunos bien estudiados—, disponemos de tecnologías maduras y sabemos que funciona. Sin embargo, el desarrollo geotérmico en nuestro país ha sido históricamente lento, fragmentado y muy por detrás del de nuestros vecinos europeos. ¿A qué se debe?

La respuesta no es única, pero sí clara: necesitamos un conocimiento más extenso del subsuelo, pero además existen barreras culturales, normativas, técnicas y económicas que han frenado su expansión. Este capítulo no pretende ofrecer soluciones, sino entender mejor qué obstáculos han condicionado hasta ahora el despliegue de esta fuente renovable en nuestro país.

Una energía aún desconocida

La primera barrera es cultural. La geotermia sigue siendo una gran desconocida para la mayoría de la población e incluso para muchos profesionales del sector energético o de la construcción. Pocas personas saben que el calor de la Tierra puede aprovecharse en cualquier punto del territorio. Muchos la confunden con otras tecnologías o la asocian exclusivamente a volcanes, géiseres o países lejanos.

Este desconocimiento también alcanza a quienes planifican y deciden. La geotermia rara vez aparece en planes municipales de energía, rehabilitación o sostenibilidad urbana. Tampoco ha contado con la visibilidad mediática de otras renovables. No tiene aspas ni brilla al sol: al ser de origen subterráneo es invisible. Y, como tantas cosas que no se ven, se tiende a olvidar.

Normativa dispersa y poco adaptada

El marco legal sobre geotermia es disperso y poco adaptado a su naturaleza. Cada comunidad autónoma aplica criterios distintos en materia de perforación, concesiones, licencias o planificación urbanística.

En algunos casos, se exige una concesión minera para proyectos que apenas bajan unos metros bajo tierra, lo que encarece y ralentiza procedimientos que, en otros países, se gestionan como simples instalaciones térmicas. La falta de una normativa estatal clara ha generado inseguridad jurídica y ha paralizado más de una iniciativa antes siquiera de comenzar.

Escasa formación técnica y profesional

Otro freno importante es la falta de formación especializada. Ni en la formación profesional ni en muchos grados universitarios se aborda la geotermia de forma adecuada. Tampoco existen planes sistemáticos de capacitación para instaladores o proyectistas.

Esto limita la oferta técnica, eleva los costes y, en algunos casos, provoca errores de diseño que afectan al rendimiento y la reputación de la tecnología. Además, pocos colegios profesionales o asociaciones del sector han incluido la geotermia en sus manuales o recomendaciones técnicas.

Costes iniciales e inercia del mercado

La inversión inicial de un sistema geotérmico en climatización es más alta que la de otros sistemas energéticos convencionales, como las calderas de gas o incluso la aerotermia. Aunque el ahorro a medio y largo plazo compensa sobradamente, muchas personas no pueden afrontar ese primer desembolso y la financiación sigue siendo un cuello de botella.

Bancos, fondos o empresas de servicios energéticos aún tienen escasa experiencia en financiar este tipo de soluciones, lo que limita su implantación a pequeña y mediana escala. Además, proyectistas e instaladores tienden a trabajar con lo que ya conocen, y la geotermia aún no forma parte del repertorio habitual.

Un desarrollo desigual frente a Europa

El contraste con otros países europeos es evidente. Mientras Alemania, Francia, Suiza, Holanda o Austria han impulsado la geotermia con estrategias nacionales, subvenciones estables, normativa clara y formación técnica, en España no ha existido una visión compartida ni una política sostenida basada en un pacto de Estado que asegure su continuidad en el tiempo.

Como resultado, en esos países ya existen redes de calor consolidadas, miles de viviendas climatizadas con geotermia y una industria asociada en expansión. En España, en cambio, seguimos en una fase incipiente, con avances puntuales, pero sin una hoja de ruta de futuro.

Estos obstáculos no son insalvables, pero sí son reales, y conviene tenerlos claros para no repetir errores ni sobreestimar las posibilidades sin resolver antes los cuellos de botella existentes. Solo entendiendo bien las barreras podremos trazar caminos eficaces para superarlas.

CAPÍTULO 10

¿Qué podríamos hacer?

La geotermia tiene todo para despegar: es un recurso fiable, con una base tecnológica sólida y un enorme potencial aún por desarrollar. El siguiente paso es dar el impulso político, técnico y social que la integre en nuestra estrategia energética.

Este capítulo propone cuatro líneas de acción concretas y complementarias para desarrollar el potencial geotérmico del país. Se trata de gestionar mejor lo que ya tenemos y de construir una estrategia nacional coherente, útil y adaptada a nuestro territorio.

Cartografía y digitalización del subsuelo

No se puede aprovechar bien lo que no se conoce. Por eso, una de las prioridades es mejorar y actualizar la información geotérmica disponible, tanto en recursos someros como profundos.

España necesita bases de datos y mapas públicos a nivel nacional, accesibles e interactivos del potencial geotérmico, como los que ya existen en Cataluña, Suiza o Países Bajos. Estos visores deberían integrarse con datos urbanísticos, bases catastrales y herramientas de planificación energética local, de modo que el subsuelo pasa a formar parte de la toma de decisiones desde las fases iniciales de cualquier proyecto.

También es clave avanzar hacia un mejor conocimiento del subsuelo, incorporando nuevos datos geológicos y geofísicos a los ya existentes, creando modelos y haciendo simulaciones numéricas, ya con la ayuda de las herramientas de inteligencia artificial. Todo ello permitiría planificar de forma integrada el uso del calor del terreno con otras infraestructuras energéticas y reducir significativamente la incertidumbre técnica y económica de los proyectos.

Una cartografía moderna en la que se integren los datos geológicos y geofísicos en modelos tridimensionales en los que se puedan hacer simulaciones para evaluar recursos y riesgos no solo ayuda a tomar mejores decisiones: visibiliza el recurso, reduce la percepción de riesgo y abre nuevas oportunidades de uso.

Formación profesional y técnica

Ninguna tecnología se despliega sin personas formadas y hoy la geotermia apenas figura en los programas de formación profesional ni en la mayoría de los grados universitarios.

Es necesario incluirla en las familias profesionales de energía, climatización y edificación. También en los estudios de ingeniería, arquitectura y ciencias ambientales, con prácticas reales, proyectos de fin de grado o tesis aplicadas.

Los colegios profesionales y asociaciones técnicas pueden ser clave en la difusión de buenas prácticas, en la creación de sistemas de acreditación y en el desarrollo de cursos de formación continua para proyectistas, instaladores y técnicos municipales.

Formar profesionales es una inversión que garantiza sistemas bien diseñados, reduce errores y genera empleo cualificado. Sin formación, no hay cadena de valor ni confianza en la tecnología.

Incentivos públicos e innovación financiera

La geotermia, especialmente la somera, tiene un coste inicial más alto que otras tecnologías. Eso, en la práctica, la deja fuera del alcance de muchas personas, aunque luego suponga un gran ahorro.

Por eso se necesitan incentivos bien diseñados que cubran no solo la instalación, sino también la perforación, el estudio del terreno, la legalización o el mantenimiento, que son precisamente las fases que más incertidumbre generan.

También debería incluirse la geotermia en las deducciones fiscales por rehabilitación energética, tanto a nivel estatal como autonómico, equiparándola a otras tecnologías renovables más visibles.

Sin herramientas financieras adecuadas, el mercado avanza muy despacio.

Por último, la geotermia debe dejar de ser una opción anecdótica y pasar a formar parte del lenguaje habitual de la planificación energética, urbana y climática.

Los planes municipales de sostenibilidad o rehabilitación deben incluirla entre las tecnologías prioritarias. Las ordenanzas de nueva construcción podrían exigir, al menos, considerar su viabilidad antes de optar por otras soluciones térmicas.

En entornos urbanos, las redes de calor y frío geotérmicas ofrecen soluciones colectivas más eficientes que las individuales. Y su integración con otras infraestructuras —metro, túneles, galerías técnicas, aguas subterráneas— puede generar sistemas sinérgicos, eficientes y capaces de transformar la climatización urbana de forma estructural. No se trata solo de una innovación técnica, sino de un cambio de perspectiva: ver el subsuelo urbano como una oportunidad energética, no como una barrera.

La geotermia está preparada. El subsuelo está disponible. Solo falta el impulso político, técnico y cultural que le dé la oportunidad que merece.

EPÍLOGO

¿Y ahora qué?

La geotermia es una energía cercana y constante. No depende del viento ni del sol: está siempre disponible bajo nuestros pies, lista para ser aprovechada de forma ecológica y sostenible. A lo largo de este libro he querido demostrar que no se trata de ciencia ficción ni de una tecnología del futuro, sino de una oportunidad real para transformar nuestra manera de producir y utilizar la energía, mejorar la seguridad de suministro y revitalizar territorios.

Para que esto ocurra, es necesario actuar en varias direcciones:

- Mejorar el conocimiento del subsuelo. Sin datos fiables no se puede gestionar bien un recurso. Necesitamos mapas públicos e interactivos del potencial geotérmico que incluyan recursos de alta, media y baja temperatura en todo el territorio, y que sirvan como herramienta real para la planificación energética y urbana.

- Facilitar la inversión y la tramitación. Reducir burocracia, estandarizar procedimientos y ofrecer incentivos claros para proyectos geotérmicos, desde pequeñas instalaciones residenciales hasta grandes redes de calor. Es clave para que esta energía deje de ser una excepción y pase a ser una opción habitual.
- Reconocer la geotermia como fuente estable y fiable de energía. Su capacidad para garantizar un suministro constante durante todo el año la convierte en una pieza estratégica para reforzar la seguridad y soberanía energética, especialmente en zonas donde la intermitencia de otras renovables supone un reto.
- Aprovechar su potencial como motor de revitalización rural. En áreas con riesgo de despoblación, redes de calor geotérmicas y comunidades energéticas locales pueden reducir costes energéticos, atraer actividad económica, generar empleo y mejorar la calidad de vida. En las ciudades, su integración en el subsuelo urbano abre la puerta a sistemas más eficientes, silenciosos e invisibles. Experiencias europeas demuestran que, bien planificado, el calor del subsuelo puede convertirse en un elemento clave de cohesión social y desarrollo económico.

Apostar por la geotermia es mucho más que una decisión técnica, es una inversión en resiliencia, independencia energética y futuro. Allí donde ese calor se transforma en confort y bienestar, también florecen la cooperación y la confianza en que quedarse, emprender o volver es posible.

Lecturas recomendadas

En España, la divulgación sobre geotermia dio un paso decisivo a partir de 2008 gracias al trabajo del Instituto para la Diversificación y Ahorro de la Energía (IDAE) y de la Fundación de la Energía de la Comunidad de Madrid (FENERCOM).

Ambas instituciones publicaron manuales y guías técnicas que ayudaron a explicar, con claridad y rigor, qué es la geotermia y cómo puede aprovecharse. Para muchos profesionales, administraciones y ciudadanos interesados, estos documentos fueron el primer contacto serio con esta energía en nuestro país. Siguen siendo una referencia muy valiosa y, además, varios de ellos pueden consultarse gratuitamente en internet.

Publicaciones del Instituto de Diversificación y Ahorro de Energía (IDAE)

IDAE (2010): *Guía Técnica. Diseño de sistemas de bomba de calor geotérmica*, https://n9.cl/951b0.

IDAE (2011): *Evaluación del potencial de energía geotérmica. Estudio Técnico PER 2011-2020*, https://n9.cl/q9cpw.

IDAE-IGME (2008): *Manual de geotermia*, https://n9.cl/ura1a.

Guías técnicas de la Fundación de la Energía de la Comunidad de Madrid (FENERCOM)

Llopis, G. y Rodrigo, V. (2008): *Guía de la Energía Geotérmica*, Comunidad de Madrid, https://n9.cl/x07hur.

Guía Técnica de Sistemas Geotérmicos Abiertos.

Guía Técnica de Generación Eléctrica de Origen Geotérmico.

Guía Técnica para Sistemas Geotérmicos Abiertos.

Guía Técnica de Sondeos Geotérmicos Profundos.

Guía sobre Aprovechamiento Energético de las Infraestructuras Subterráneas.

Guía Técnica de Bombas de Calor Geotérmicas.

Guía Técnica de Sondeos Geotérmicos Superficiales.

Guía Técnica sobre Pilotes Geotérmicos.

Otros recursos

El informe amplía la mirada más allá de la geotermia y analiza el subsuelo como un recurso estratégico para la transición energética y la neutralidad climática.

Alcalde Martín, J.; Vilarrasa Riaño, V.; Santiago Buey, C. de; García Gil, A.; Fernández-Canteli Álvarez, P. y Jiménez Munt, I. (2026): *Subsuelo. Recurso estratégico para la neutralidad climática*, colección Science for Policy, CSIC, https://science4policy.csic.es/.

Títulos de la colección ¿Qué sabemos de?

1. **El LHC y la frontera de la física.** Alberto Casas
2. **El Alzheimer.** Ana Martínez
3. **Las matemáticas del sistema solar.** Manuel de León, Juan Carlos Marrero y David Martín de Diego
4. **El jardín de las galaxias.** Mariano Moles Villamate
5. **Las plantas que comemos.** Pere Puigdomènech
6. **Cómo protegernos de los peligros de Internet.** Gonzalo Álvarez Marañón
7. **El calamar gigante.** Ángel Guerra Sierra y Ángel González González
8. **Las matemáticas y la física del caos.** Manuel de León y Miguel Ángel F. Sanjuan
9. **Los neandertales.** Antonio Rosas
10. **Titán.** María Luisa Lara
11. **La nanotecnología.** Pedro A. Serena Domingo
12. **Las migraciones de España a Iberoamérica desde la Independencia.** Consuelo Naranjo Orovio
13. **El lado oscuro del universo.** Alberto Casas
14. **Cómo se comunican las neuronas.** Juan Lerma
15. **Los números.** Javier Cilleruelo y Antonio Córdoba
16. **Agroecología y producción ecológica.** Antonio Bello, Concepción Jordá y Julio César Tello
17. **La presunta autoridad de los diccionarios.** Javier López Facal
18. **El dolor.** Pilar Goya Laza y María Isabel Martín Fontelles
19. **Los microbios que comemos.** Alfonso V. Carrascosa
20. **El vino.** María Victoria Moreno-Arribas
21. **Plasma: el cuarto estado de la materia.** Teresa de los Arcos e Isabel Tanarro
22. **Los hongos.** María Teresa Tellería

23. **Los volcanes.** Joan Martí Molist
24. **El cáncer y los cromosomas.** Karel H. M. van Wely
25. **El síndrome de Down.** Salvador Martínez Pérez
26. **La química verde.** José Manuel López Nieto
27. **Princesas, abejas y matemáticas.** David Martín de Diego
28. **Los avances de la química.** Bernardo Herradón García
29. **Exoplanetas.** Álvaro Giménez
30. **La sordera.** Isabel Varela Nieto y Luis Lassaletta Atienza
31. **Cometas y asteroides.** Pedro José Gutiérrez Buenestado
32. **Incendios forestales.** Juli G. Pausas
33. **Paladear con el cerebro.** Francisco Javier Cudeiro Mazaira
34. **Meteoritos.** Josep María Trigo Rodríguez
35. **Parasitismo.** Juan José Soler
36. **El bosón de Higgs.** Alberto Casas y Teresa Rodrigo
37. **Exploración planetaria.** Rafael Rodrigo
38. **La geometría del universo.** Manuel de León
39. **La metamorfosis de los insectos.** Xavier Bellés
40. **La vida al límite.** Carlos Pedrós-Alió
41. **El significado de innovar.** Elena Castro Martínez e Ignacio Fernández de Lucio
42. **Los números trascendentes.** Javier Fresán y Juanjo Rué
43. **Extraterrestres.** Javier Gómez-Elvira y Daniel Martín Mayorga
44. **La vida en el universo.** F. Javier Martín-Torres y Juan Francisco Buenestado
45. **La cultura escrita.** José Manuel Prieto
46. **Biomateriales.** María Vallet Regí
47. **La caza como recurso renovable y la conservación de la naturaleza.** Jorge Cassinello Roldán
48. **Rompiendo códigos.** Manuel de León y Ágata Timón
49. **Las moléculas: cuando la luz te ayuda a vibrar.** José Vicente García Ramos
50. **Las células madre.** Karel H. M. van Wely
51. **Los metales en la Antigüedad.** Ignacio Montero
52. **El caballito de mar.** Miquel Planas Oliver
53. **La locura.** Rafael Huertas
54. **Las proteínas de los alimentos.** Rosina López Fandiño
55. **Los neutrinos.** Sergio Pastor Carpi
56. **Cómo funcionan nuestras gafas.** Sergio Barbero Briones
57. **El grafeno.** Rosa Menéndez y Clara Blanco
58. **Los agujeros negros.** José Luis Fernández Barbón
59. **Terapia génica.** Blanca Laffon, Vanessa Valdiglesias y Eduardo Pásaro
60. **Las hormonas.** Ana Aranda
61. **La mirada de Medusa.** Francisco Pelayo
62. **Robots.** Elena García Armada
63. **El Parkinson.** Carmen Gil y Ana Martínez
64. **Mecánica cuántica.** Salvador Miret Artés
65. **Los primeros homininos.** Antonio Rosas
66. **Las matemáticas de los cristales.** Manuel de León y Ágata Timón
67. **Del electrón al chip.** Gloria Huertas Sánchez, Luisa Huertas Sánchez y José L. Huertas Díaz

68. **La enfermedad celíaca.** Yolanda Sanz Herranz y María del Carmen Cénit Laguna
69. **La criptografía.** Luis Hernández Encinas
70. **La demencia.** Jesús Ávila
71. **Las enzimas.** Francisco J. Plou
72. **Las proteínas dúctiles.** Inmaculada Yruela Guerrero
73. **Las encuestas de opinión.** Joan Font Fàbregas y Sara Pasadas del Amo
74. **La alquimia.** Joaquín Pérez Pariente
75. **La epigenética.** Carlos Romá Mateos
76. **El chocolate.** María Ángeles Martín Arribas
77. **La evolución del género 'Homo'.** Antonio Rosas
78. **Neuromatemáticas.** José María Almira y Moisés Aguilar
79. **La microbiota intestinal.** Carmen Peláez y Teresa Requena
80. **El olfato.** Laura López-Mascaraque y José Ramón Alonso
81. **Las algas que comemos.** Miguel Herrero y Elena Ibáñez
82. **Los riesgos de la nanotecnología.** Marta Bermejo Bermejo y Pedro A. Serena Domingo
83. **Los desiertos y la desertificación.** Jaime Martínez Valderrama
84. **Matemáticas y ajedrez.** Razvan Iagar
85. **Los alucinógenos.** José Antonio López Sáez
86. **Las malas hierbas.** César Fernández-Quintanilla y José Luis González Andújar
87. **Inteligencia artificial.** Ramón López de Mántaras y Pedro Meseguer
88. **Las matemáticas de la luz.** Manuel de León y Ágata Timón
89. **Cultivos transgénicos.** José Pío Beltrán
90. **El Antropoceno.** Valentí Rull
91. **La gravedad.** Carlos Barceló Serón
92. **Cómo se fabrica un medicamento.** María del Carmen Fernández Alonso y Nuria E. Campillo
93. **Los falsos mitos de la alimentación.** Miguel Herrero
94. **El ruido.** Pedro Cobo Parra y María Cuesta Ruiz
95. **La locomoción.** Adrià Casinos Pardo
96. **Antimateria.** Beatriz Gato Rivera
97. **Las geometrías y otras revoluciones.** Marina Logares
98. **Enanas marrones.** María Cruz Gálvez Ortiz
99. **Las tierras raras.** Ricardo Prego Reboredo
100. **El LHC y la frontera de la física.** Alberto Casas
101. **La tabla periódica de los elementos químicos.** José Elguero Bertolino, Pilar Goya Laza y Pascual Román Polo
102. **La aceleración del universo.** Pilar Ruiz Lapuente
103. **Blockchain.** David Arroyo Guardeño, Jesús Díaz Vico y Luis Hernández Encinas
104. **El albinismo.** Lluís Montoliu José
105. **Biología cuántica.** Salvador Miret Artés
106. **Islam e islamismo.** Cristina de la Puente
107. **El ADN.** Carmen Mora Gallardo y Karel H. M. van Wely
108. **Big data.** David Ríos Insua y David Gómez-Ullate Oteiza

109. **Verdades y mentiras de la física cuántica.** Carlos Sabín
110. **La quiralidad, el mundo al otro lado del espejo.** Luis Gómez-Hortigüela Sainz
111. **Las diatomeas y los bosques invisibles del océano.** Pedro Cermeño Aínsa
112. **Los bacteriófagos.** Lucía Fernández Llamas, Diana Gutiérrez Fernández, Ana Rodríguez González y Pilar García Suárez
113. **Nanomecánica.** Daniel Ramos Vega
114. **Cerebro y ejercicio.** José Luis Trejo y Coral Sanfeliu
115. **Enfermedades raras.** Francesc Palau
116. **La innovación y sus protagonistas.** Elena Castro Martínez e Ignacio Fernández de Lucio
117. **Marte y el enigma de la vida.** Juan Ángel Vaquerizo
118. **Las matemáticas de la pandemia.** Manuel de León y Antonio Gómez Corral
119. **Ciberseguridad.** David Arroyo Guardeño, Víctor Gayoso Martínez y Luis Hernández Encinas
120. **Pensar en español.** Reyes Mate
121. **La esclerosis múltiple.** Leyre Mestre y Carmen Guaza
122. **Por qué y cómo se hace la ciencia.** Pere Puigdomènech
123. **Nanotecnología para el desarrollo sostenible.** Pedro A. Serena Domingo
124. **Los coloides.** Rodrigo Moreno Botella
125. **De la micro a la nanoelectrónica.** José M. de la Rosa
126. **Las hormigas.** José Manuel Vidal Cordero
127. **Nuevos usos para viejos medicamentos.** Nuria E. Campillo, María Mercedes Jiménez Sarmiento y María del Carmen Fernández Alonso
128. **El Neolítico.** Juan F. Gibaja Bao, Millán Mozota Holgueras y Juan José Ibáñez
129. **Los superalimentos.** Jara Pérez Jiménez
130. **El vacío.** José Ángel Martín Gago
131. **Los robots y sus capacidades.** Elena García Armada
132. **Los alimentos ultraprocesados.** Javier Sánchez Perona
133. **Las vacunas.** María Mercedes Jiménez Sarmiento, Nuria E. Campillo y Matilde Cañelles
134. **Análisis de riesgos.** David Ríos Insua y Roi Naveiro Flores
135. **La salud planetaria.** Fernando Valladares, Xiomara Cantera y Adrián Escudero
136. **La contaminación lumínica.** Alicia Pelegrina López
137. **Origen y evolución de 'Homo sapiens'.** Antonio Rosas
138. **Física cuántica y relativista.** Carlos Sabín
139. **El plancton y las redes tróficas marinas.** Albert Calbet Fabregat
140. **El café.** María Dolores del Castillo y Amaia Iriondo
141. **La nanomedicina.** Fernando Herranz Rabanal
142. **Cómo se meten ocho millones de especies en un planeta.** Ignasi Bartomeus
143. **La vida y su búsqueda más allá de la Tierra.** Ester Lázaro Lázaro

144. **Inmunonutrición**. Ascensión Marcos Sánchez, Esther Nova Rebato, Sonia Gómez-Martínez y Ligia Esperanza Díaz Prieto
145. **Inteligencia artificial y medicina**. Miriam Cobo Cano y Lara Lloret Iglesias
146. **Cómo se comunican las neuronas**. Juan Lerma
147. **Megatsunamis.** Mercedes Ferrer Gijón
148. **Encuentros temporales entre astronomía y prehistoria.** Enrique Pérez Montero y Juan F. Gibaja Bao
149. **Cómo se comunican los animales.** Gonzalo M. Rodríguez Ruiz
150. **La ética de la inteligencia artificial.** Sara Degli-Esposti
151. **Nuestro sistema inmunitario.** Elena Campos Sánchez
152. **La ciencia y la cocina.** Marta Miguel Castro y Mario Sandoval Huertas
153. **Cementos y hormigones.** Francisca Puertas Maroto
154. **Al-Andalus.** Maribel Fierro
155. **El cerebro en movimiento.** José Luis Trejo y Coral Sanfeliu
156. **La vida al borde del abismo.** José T. López Gómez
157. **El VIH y el sida.** Sonia de Castro y María José Camarasa
158. **Incendios forestales.** Juli G. Pausas
159. **Arqueología subacuática y patrimonio marítimo.** Ana Crespo Solana
160. **Los bulos de la nutrición.** Miguel Herrero
161. **Los acúfenos.** Pedro Cobo Parra y María Cuesta Ruiz
162. **La vida social de las bacterias.** Manuel Espinosa Urgel
163. **Las pandemias.** Fernando Valladares
164. **La formación de los elementos químicos.** Enrique Nácher González y Sergio Pastor Carpi
165. **La crisis de los polinizadores.** Anna Traveset
166. **La economía circular.** Pablo del Río González, Christoph P. Kiefer, Ana M. Guerrero Bustos y Félix A. López Gómez
167. **La microbiota forestal.** Ana V. Lasa
168. **Micro y nanoplásticos.** M. Victoria Moreno-Arribas, Cinta Porte, Amparo López-Rubio y M. Auxiliadora Prieto
169. **Aceleradores de partículass.** Nuria Fuster Martínez y Daniel Esperante Pereira
170. **El aceite de oliva y la salud.** Javier Sánchez Perona
171. **Princesas y abejas en el reino de las matemáticas.** David Martín de Diego
172. **Tiburones.** Claudio Barría Oyarzo y Ana Colmenero Ginés
173. **El latín en Europa.** Pablo Toribio y Cristina Tur
174. **La evolución de los seres vivos.** Pablo Vargas Gómez y José María Gómez Reyes
175. **La nanocelulosa.** Jose Miguel González Domínguez